二十世纪中國科学

董光璧 著

北京大学出版社
PEKING UNIVERSITY PRESS

图书在版编目(CIP)数据

二十世纪中国科学/董光璧著. —北京:北京大学出版社,2007.6
(未名·二十世纪中国学术史研究丛书)
ISBN 978-7-301-12098-9

Ⅰ.二… Ⅱ.董… Ⅲ.科学技术—技术史—研究—中国—20世纪
Ⅳ.N092

中国版本图书馆CIP数据核字(2007)第059548号

书　　名:二十世纪中国科学
著作责任者:董光璧　著
丛 书 策 划:杨书澜
组　　稿:杨书澜
责 任 编 辑:李廷华
特 邀 编 辑:孟燕星
标 准 书 号:ISBN 978-7-301-12098-9/N·0033
出 版 发 行:北京大学出版社
地　　址:北京市海淀区成府路205号　100871
网　　址:http://www.pup.cn　电子信箱:zpup@pup.pku.edu.cn
电　　话:邮购部62752015　发行部62750672　编辑部62750673
出版部62754962
印 刷 者:北京汇林印务有限公司
经 销 者:新华书店
650毫米×980毫米　16开本　15.75印张　186千字
2007年6月第1版　2007年6月第1次印刷
定　　价:28.50元

关于《二十世纪中国学术史研究丛书》出版说明

学术史旨在“辨章学术，考镜源流”。要推进学术，必须加强学术史的研究。注重学术史的研究在中国有其悠久的传统。《庄子·天下篇》便是中国学术史研究的开篇之作。

至近现代以来，学术史的研究更是受到学界的重视。清朝学术史的研究就成果颇丰，如梁启超的《清代学术概论》、《中国近三百年学术史》、钱穆的《中国近三百年学术史》等就是这样的名篇，对清朝三百年的考证学的历史作了系统精致的研究。

清末三四十年间，学界的注意力已逐渐地由考证学转向“外来思想之吸收”。所说的“外来思想”指的就是西学。当时的学人已开始注重中学与西学的结合，学术开始由传统向现代转型。中国现代学术的确立应该在20世纪的新文化运动时期。

于是，20世纪的中国学术便与清朝学术有了不同的特色。这种特色似乎表现在如下几个方面：第一，学科有了分野，分科治学才能推进学术发展。传统的经、史、子、集的划分严格说来不是根据知识的性质，而现代学术的分科主要依据便是知识的性质，因此学术可以大致分为哲学、文学、史学、教育学、科学、政治学、美术、社会学、经济学等领域；第二，现代学术的研究有了较强的技术手段，有一套系统的方法论，更讲究“持之有故，言之成理”；第三，中国传统的学术与西方的学术密切结合，旧学邃密，新知深沉。

北京大学出版社的《二十世纪中国学术史研究丛书》策划的意图是在经济全球化、文化多元化的今天，勾画20世纪中国学术史发展轨迹及所取得的成就，从中吸取有益的经验和教训，为21世纪中国学术的进一步繁荣和发展提供借鉴。

策划人：杨书澜

2007年4月28日于学思斋

目　录

序言

董光璧

我曾经出版过《中国近现代科学技术史论纲》(1991年),它是为集体编著《中国近现代科学技术史》(1997年)而撰写的详细提纲。前者经修改纳入后者,作为导言和结语以及各卷的导论。北京大学出版社杨书澜教授,在一年前约我写一本《二十世纪中国科学》,我用一年的时间写了一个新版本,初稿完成后又觉得其中的主要论点应先以论文形式发表。于是我改变了主意,将《中国近现代科学技术史》中的导言、结语和三卷的导论集结,修改为《二十世纪中国科学》的主体,附以我近几年所写的三篇论文,并且不再区分近代和现代而用现代。

本书的结构包括作为主体的三章以及导言、结语和附录。作为主体的三章分别阐述现代科学技术在中国发展的三大转变,即从传统到现代的心态转变、从欧美到苏联的模式转变和从国防到经济的动力转变。导论给出我对一些基本问题的观点,包括起点与分期、科学与社会、传统与现代、中国与世界等方面的论述。结语以评价历史和展望未来做一总结,包括技术与经济、科学与技术、自然科学与社会科学、历史与未来等问题的讨论。附录以三篇论文作为补充,包括《二十一世纪的科学与中国》、《以千年看百年——中国和西方的科学与社会》和《尊重传统,创造未来——论中国传统文化与现代科学发展》。

北京双榆树北里

2005年5月20日

导言

严格意义上的科学形成于17世纪的欧洲科学革命，而其渊源则可以追溯到古希腊文明，并因而有古代科学之说。在类比的意义上，中国古代文明中也包含有科学成分，或者说中国科学。由于中国传统科学自身现代化趋势的泯没，中国现代科学技术事业主要是产生自欧洲的现代科学技术在中国的传播和发展。明清之际的西学东渐可以作为中国科学技术史划分古代和现代的分界标志，但直到一百五十年前的晚清时期才真正步入现代发展时期，并且在20世纪的一百年里才得以充分发展。

20世纪的中国科学技术事业，作为整个中国现代科学技术史主要的和最重要的时期，其发展与中国社会的巨变偕行并且密切联系在一起。中国现代科学技术事业的主导思想，经历了从科学救国发展到科教兴国的发展。今天的中国科技界已形成一种共识，为中华民族的振兴，中国的科技体制必须尽快进行新的整合，以加速建设国家科技创新体系的步伐。作为导言将讨论起点与分期、科学与社会、传统与现代、中国与世界等基本问题。

起点与分期

科学史的分期问题并无理论上的定论。实践上作为国别科学技术史的分期，下述四种不同的分期标准分别被一些著作家采用：依政治史分期，依社会形态分期，依科学内史分期，依科学外史分期。我们将从科学的内史和外史结合的角度处理分期问题。中国科学现代化的起点问题争论最大，需要较多的笔墨说明我们的选择。

我赞成李约瑟(Joseph Needham，1900～1995)的全球科学观及其世界范围起源律。地球上各文明区都有其古代科学，但东西两半球的古代科学在形式上和世界观上都有明显的差异。首先在西半球的欧洲产生的现代科学是各文明区中之古代科学汇流的结果。现代科学产生之后，它的继续发展是一个世界化的过程。各文明区的科学现代化都是这个科学世界化总进程的一部分。所以中国科学现代化也就是中国科学的世界化。中国现代科学技术史主要是产生自欧洲的现代科学技术在中国的传播和发展。

中国社会现代化的起点在19世纪中叶，以1840年中英鸦片战争为其标志，这已近乎被史学界公认。但是，科学现代化并不一定要依从这个社会现代化的起点。因为，早在鸦片战争前近三百年，中国就已经开始两种不同科学并存的局面：一是中国传统的科学和技术，它曾经有过领先于世界的繁荣期；二是在明末由基督教传教士传入的西方科学技术，特别是文艺复兴以后首先在欧洲发展起来的科学技术。

我赞成以1582年意大利传教士利玛窦(Mattheoeus Ricci，1552～1610)进中国为中国科学现代化起点的标志。这有两个理由：其一，人所共知，利玛窦是西学传入中国的象征；其二，人们很少注意，在利玛窦进中国之时，中国传统科学已有两次趋向现代化的征兆。我们这里着重对后者作些说明。

中国传统科学在秦汉时期早熟地形成了算学、天学、地学、农学和医学五大学科的基本范式。其后的发展有过三个高峰期:以玄学为特征的新道家思想解放运动催生了公元5世纪中叶到6世纪中叶南北朝时期(420—581)中国传统科学的第一高峰;以理学为旗帜的新儒学理性精神在公元11世纪的北宋(960—1127)年间把中国传统科学推进到其发展的顶峰;在实证实学思想的影响下的16世纪中叶到17世纪中叶的晚明时期,以综合为特征的一批专著展现了中国传统科学技术的最后一道光彩。

中国传统科学也曾经有过自身现代化的三次顿向:第一次伴随中国思想家胡适(1891—1962)所称的宋代"文艺复兴"而发生,主要表现为科学知识的理性化,由于"靖康之变"而中断;第二次伴随中国一些经济史家们所称的明中叶"资本主义萌芽"而发生,主要表现为科学技术的社会化,由于"甲申鼎革"而夭折;第三次伴随乾嘉时期的考据学而发生,主要表现为在西学的影响下传统天文学和数学的复兴,由于"虎门销烟"而转向,最终以引进西学的方式走向现代化。

这样,科学现代化的起点就在早于社会现代化的起点近三百年前的16世纪晚期。这巨大的时间差似乎令人难以接受。如何理解如此巨大的时间差呢?这是因为发自中国社会内部的现代化趋势受挫而转变为"外铄"的结果。所谓"外铄",即其主要动力来自传统社会的外部压力。从传教士来华至鸦片战争的近三百年间,西学的入传扩大了少数学者的眼界。由于这些人的努力,中国传统文化中的科学率先汇入世界科学的主流。但《崇祯历书》(1635)和《数理精蕴》(1723)等科学著作尚不足以发动滞轴的中国社会。鸦片战争的炮声则惊醒了中国的朝野官民,在殖民主义的暴力威逼之下,中国社会的现代化车轮才开始起动。这种启动从消极的模仿开始,而且是一种程序反演的模仿:首先在器物层次，然后是制度层次，最后才进入思想层次。在不到六十年的时间里，通过洋务运动、戊戌变法和辛亥革命、新文化运动，欧洲社会近五百年的现代化史被草率地在中国反演。正是这种不可避免的程序倒置所固有的不彻底性，导致中国不得不程序紊乱地反复重演欧洲走向现代社会的诸进程。

确定了现代科学技术在中国发展的起点以后，我们可以转入对整个历史进程分期的讨论。被选用作为分期的标志性时间点的三个历史事件，把中国现代科学技术史大致划分为三个时期。这三个历史事件是：1582 年利玛窦进中国，1928 年中央研究院的设立，1956 年十二年科学远景规划的制定。1582～1928 年这段漫长的时间是现代科学技术启蒙期，1928～1956 年是现代科学技术的形成期，1956 年以后是国家计划指导下的科学技术发展时期。

启蒙是通过传教士的科学输入、洋务派官员的科学技术引进和知识分子的科学文化运动"三部曲"实现的。传教士带来了科学技术的新鲜空气，洋务运动的示范作用造成引进现代科学技术不可逆转的局面，知识分子的科学文化运动对扫除妨碍科学技术发展的反科学的文化环境起了重大的历史作用。通过三百多年的科学启蒙，在中国基本上完成了知识界和民众从传统的到现代的心态转变。

中央研究院的设立标志着现代科学技术事业在中国进入了体制化的发展时期。从欧美日留学归来的科学技术专家成为各学科和诸多技术部门的主要奠基人，把欧美日各国发展科学技术的经验移植到中国，在中国形成了轻工业为主体、通才教育和国家较少干预的欧美式的科学技术之发展模式。1949 年中华人民共和国成立后，实行社会主义制度，在国际政治方面一边倒向苏联，在发展科学技术方面也模仿苏联的模式。通过中国科学院的建立、高等院校的调整和以苏联援建项目为主体的工业计划，中国科技事业的发展模式很快从欧美模式转变为以重工业、专科教育和国家计划为特征的苏联模式。

十二年规划的制定，国家科委的设立，使中国的科学技术事业进入国家周密计划的现代发展时期。第二次世界大战后成长起来的新学科和新技术部门一个个逐渐建立起来。在中华人民共和国成立后的前二十多年，由于国家安全受到严重威胁，国防需要是科学技术发展的主要动力。“文化大革命”后国际环境趋向和平，国家工作的战略重点移到经济建设上来，经济发展的需要自然成为发展科学技术的主要动力。

这种分期的一个优点在于，它便于描述中国现代科学技术发展的三大转变：启蒙时期从传统到现代的心态转变，形成时期从欧美到苏联的模式转变，发展期从国防到经济的动力转变。在这些转变中，科学作为社会功能的一部分逐渐被接受并日益加重，但两者始终处于不断相互作用的调整动态之中。在从传统到现代的心态转变中充满着中西文化的冲突，在从欧美到苏联的模式转变中经历了由政治格局决定的三种体制并存到归一的曲折过程，在从国防到经济的动力转变中一系列的科技体制改革被进行并伴随着科学规范和意识形态的相互调整。

科学与社会

科学技术与社会的协调发展是当今世界的、更是中国的最迫切的问题。在中国现代化的历史中，处理科学技术与社会协调发展方面的许多经验和教训应该总结。本书力图描述科学技术与社会相互作用在中国的历史。

如何才能作到协调发展？这既是一个理论问题，也是个实践问题。在理论上至今仍然不十分清楚。在实践上，为促进科学技术与社会的发展，世界各国进行了并且继续进行着种种试探性的实践，有成功也有失败。

在现代科学技术史上有三个事件作为教训受到科学史研究者们的特别注意。一是法西斯德国迫害犹太科学家，二是社会主义苏联的李森科（Тровдим Д. Лисико，1898～1976）事件，三是中国“文化大革命”中的反科学行为。对于这些科学与社会不协调的典型已有许多科学史研究者作为案例进行了大量的研究。在这里我们只想提及曾经波及中国的李森科主义在英国的反映。

在1930年代，相当多的英国科学家，包括生物学家霍耳丹（John B. S. Haldane，1892～1964）、物理学家贝尔纳（John D. Bernal，1901～1971）、物理学家布莱克特（Patrik M. S. Blsckett，1897～1974）、生物化学家李约瑟（Joseph Needham，1900～1995）这样一些杰出的科学家，被苏联的科学政策所吸引。他们对英国文化的文学优势不满，致力于改革科学与社会，希望社会按科学原理重组并支持科学的进一步发展。他们的前辈曾指望德国的国家科学模式，而他们则寄希望于苏联的科学模式。1931年第二届国际科学史会议上苏联代表团的论文激发了他们对苏联的热情，但他们也对国家干预会带来限制科学自由有几分担忧。

在1929～1933年苏联批判“资产阶级专家”的运动中，许多新科学被指责为“资产阶级的科学”。1935年，由于李森科的观点得到官方的支持，苏联生物学界的境遇特别恶劣。接踵而来的大清洗使不少科学家蒙冤而死，参加第二届国际科学史会议的苏联代表团成员几乎都在恐怖中丧生，特别是其中包括给人印象最深的格森（Б. М. Гессен，1893～1939）和布哈林（Николвй И. Бужврии，1888～1938）。1938年李森科当上了全苏农业科学院院长，而植物学家瓦维洛夫（Нигодви И. Вавилов，1887～1943）则被监禁致死。1948年遗传学被正式宣布为资产阶级的科学，研究所被解散，领导被免职，学校的课本被更换，出版物被查封。

苏联共产党和政府直接干预科学争端的严酷事实，使得为苏联社会主义辩护的英国共产党员生物学家们处境尴尬。他们不得不两面作战，作为科学家在党内谴责李森科的理论，而作为党员对外又维护它。为此霍耳丹不得不于1950年退出英国共产党。既承认科学的统一又强调社会主义扩大科学自由的贝尔纳则终生都忠于共产主义事业，始终无条件地公开支持苏联的科学政策。

贝尔纳的著作《科学与社会》(1938)，《历史上的科学》(1954)曾经对科技政策的研究产生过历史的影响。但是他对李森科事件的僵硬态度也表明，他关于科学与社会的理论探讨远不成熟。至今有关科学与社会协调发展实践效果的研究，仍缺乏明晰的理论概念及在此基础上演绎与归纳结合的分析。这种理论上的困境也正是本书写作的理论困难之一。为了克服这种困难而不得不自己探索有关社会发展的一般理论问题，在这种探索过程中形成了"社会中轴转换原理"这一新概念。[①] 由于社会变化的复杂性，社会问题的理论研究往往采取其概念性的图式分析。我们发现在这种分析中暗含着丹尼尔·贝耳(Daniel Bell)所称的"中轴原理"的运用。中轴原理力图在概念图式的范围内以社会的某一因素为轴心说明社会系统的结构特征。任何概念性的图式实质上都是现实的一种模型，图式分析只不过是从一个视角对现实规程提出一种逻辑规程。对同一现实人们可以构造不同的模型。因此，不同的社会概念图式总是以不同的中轴原理为基础的。

关于社会分析，历史上曾经有过许多不同的中轴原理。但是，现代以来，同社会发展有关的比较流行的中轴原理主要有道德中轴原理、权势中轴原理、经济中轴原理和智力中轴原理。道德中轴原理把伦理、道德视为维系社会的主要力量，社会形态的差异体现为社会道德标准的不同。权势中轴原理基于国家的存在，以政权集中于国家为中轴，按政体的变化描述社会的发展。经济中轴原理根源于资本经济的发展，认为社会的变化是以经济关系为基础的，把生产关系作

---

① 董光璧(1989)，社会中轴转换原理，《光明日报》，1989年5月26日。

为社会的中轴。智力中轴原理基于科学的社会功能，认为社会发展的主要动力是人们的智力，因此把社会发展的规律归结为智力发展的规律，把智力作为社会的中轴，以生产中使用的各种知识的进步为社会进步的标准。

与上述这些基于单一因素说明社会发展相类似的思想在物理学中也曾出现过，这就是人们试图用一类特殊的物理定律说明一切物理现象：把一切物理规律归结为力学定律的力学世界像，把一切物理规律归结为热学定律的能学世界像，把一切物理规律归结为电磁定律的电磁学世界像。尽管这些物理世界像都增进了人类对物理世界的认识，但是，随着物理学研究的进展，人们逐渐认识到它们的局限性，而以多种相互作用统一的物理世界像取代了这些基于单一因素的物理世界像。正像物理学领域中单一因素模型遇到困难一样，关于社会发展的各种基于单一因素的中轴原理也是不能令人满意的。实际上，某个中轴原理只适用于描述处于某个历史阶段的社会形态，把任何一种中轴原理普遍化为历史的整个进程的中轴原理都将遇到困难。例如，在对美国和苏联的社会分析中，我们就看到了单因素中轴原理的缺陷。按照经济中轴原理美国是资本主义社会而苏联是社会主义社会，但按智力中轴原理美国和苏联同属工业社会。中轴原理虽然允许从不同的视角考察社会，但是来自不同中轴原理的概念图式尚不能拼合出一幅完整的图像。

基于各中轴原理对社会历史的某个阶段的适用性以及物理学研究纲领变迁的启发，我们尝试提出一个社会中轴转换原理，用于说明社会的发展。中轴转换原理的中心思想是，社会的形态取决于社会的中轴结构，社会中轴结构的转变使社会从一种形态变为另一种形态，呈现社会的阶段性发展。

如果从社会诸因素相互作用的角度来理解人类社会历史进程，我们可以选择道德、权势、经济、智力和情感作为基本的社会要素。自形成人类社会以来,正是它们之间的相互作用的结果使它们之中的某一因素成为社会结构的中轴,并且这种相互作用也是中轴转换的根源。以道德为中轴的社会可称之为道德社会。当道德中轴转变为权势中轴时,社会就进入权势社会。当经济取代权势而成为社会中轴时,社会又进入经济社会。一旦科学取代经济成为社会中轴,社会就进入智力社会阶段。按照中轴转换原理,社会发展的阶段性主要表现为社会中轴的不同,或者说支配社会的主要力量不同。社会阶段性变化的本质是支配社会力量的改变。从一种社会到另一种社会的转变、不仅表现为支配力量的更替,更表现为支配力量的扩散。人类社会进步的本质就是道德、权力、财富、知识和情感的不断增长、完善和扩散。

以中轴转换原理为基础的概念构架是对以中轴原理为基础的彼此相互排斥的四种概念构架的一种自然扩展,后者只是作为前者的二级系统包括在其中。任何概念的意义都依赖于它在其中生效的概念构架。所以,只适合于中轴原理构架的各种概念,在中轴原理转换的普遍构架中就失去了逻辑一致性。像经济中轴原理构架中的"资本主义社会"和智力中轴原理构架中的"工业社会"这些概念,不能原封不动地在中轴转换原理构架中应用,而像"权势社会"和"经济社会"这些属于中轴转换原理构架中的基本概念又必须按照中轴转换原理的构架使用它们。例如,我们不能简单地把"经济社会"这一概念等同于"资本主义社会"或"工业社会",按照中轴转换原理的构架,那些在权势控制下的社会或工业社会不属于经济社会而属于权势社会,只有那种摆脱了权势主导的社会或工业社会才能被视为经济社会。历史上的法西斯德国和日本以及苏联都不是经济社会。

社会中轴转换原理是关于社会发展的一个启发性原理。它为社会理论提供了一种新的理论视角。社会中轴转换原理既避免了单一的因果决定论,又允许保留挑选首要逻辑描述社会发展的趋向性。以中轴转换原理来观察当代社会,我们会看到世界发展是不平衡的。先进国家已经开始从经济社会向智力社会转变，而相当多的国家尚处在从权势社会向经济社会转变的途中。中华民族正是在世界从权势社会向经济社会转换的途中落伍的。

明代中叶出现的中国社会向经济中轴转换的趋势，由于大规模的农民起义和满族入主的政权更替而中断。在清政府下经济中轴的增长又受到专制政权及其关闭政策以及人口过剩的限制。如果我们抛开民族屈辱感，以历史的观点看问题，那些由物化了的现代科学技术的坚船利炮武装起来的殖民主义者，怀着卑鄙的私利漂洋过海到中国来掠夺，由于他们破坏中国社会的权势中轴而充当了造成中国革命之不自觉的工具。早在1853年马克思(Karl Marx，1818～1883)曾评论说：

> 英国的大炮破坏了中国皇帝的权威，迫使天朝帝国与地上的世界接触。与世隔绝曾是保存中国的首要条件，而当这种隔绝状态在英国的努力下被暴力打破的时候，接踵而来的必然是解体的过程，正如小心保存在密闭棺木里的木乃伊，一接触新鲜空气必然解体一样。①

马克思所说的使中国专制社会解体的“新鲜空气”，其主要成分是现代科学技术。只不过以其载体坚船利炮的形式表现出来而已。正是基于对科技器物力量的认识，清政府某些官员才提出“师夷长技以制夷”的政策，并促成了中国现代史上的第一次开放运动——“洋务运动”。洋务运动的不力导致“戊戌变法”。它的失败又转变为“辛亥革命”。这次资产阶级民主革命的成功为在中国发展科学技术创造了必要的政治条件。但是，军阀混战，国共分争，帝国主义的侵略延缓了中国社会从权势中轴向经济中轴的转换。

① 马克思(1853)，中国革命和欧洲革命，《马克思恩格斯选集》，第2卷，人民出版社，北京，1972年。

“文化大革命”结束后，中国社会的经济中轴才真正启动。

科学作为一种社会建制是社会的一个子系统。科学社会作为大社会中的小社会，有其不同于其他社会建制的特殊规范。任何社会要想接纳科学并发挥其社会功能，都必须做出种种调整，创造适应科学发展的社会条件。这些条件在权势社会中是不充分的。现代科学在中国发展随社会的权势中轴向经济中轴转变程度的增长而进步。

传统与现代

中国科学现代化的主流是产生自欧洲的现代科学技术在中国的传播。但是，这种传播是以中国科学文化遗产为基础的。尽管在心理上存在种种障碍并且发生激烈的中西文化冲突，但在科学本身的范围内，恰如李约瑟所说，“东西方的数学、天文学和物理学一拍即合”。[①] 科学作为人类的一种特殊活动与其他活动有许多共同点，但科学的目的、方法和精神气质使其与其他人类活动区别开来。并且，由于科学、技术与社会之间的相互作用的历史演变而不断显示其新特点，至少可以大致区分出古代和现代的不同。

科学的目的是双重的。第一个目的是预测和控制，第二个目的是说明和解释。如果从逻辑关系区分这两个目的，预测与控制包含那些仅仅运用相关关系的陈述，而说明与解释则包含那些运用因果关系的陈述。并非一切科学都同时具备这两个目的。不成熟的科学往往只包含一个目的，而发展得较完善的科学同等地、普遍地显示这两个目的。

控制是人类活动中最实际的东西。控制的实质在于达到某种

---

① 李约瑟(1967)，世界科学的演进：欧洲与中国的作用，《李约瑟文集》，第159～216页，潘吉星主编，辽宁科学技术出版社，1986年。

目的。在这个意义上说，预测是最低水平的控制。因为即使达不到控制对象的行为，至少可以做到调整自己的行为以适应对象的行为。预测与控制二者代表了科学知识的最低级的状态。古代东方的科学，例如埃及、巴比伦和中国的历法天文学，虽然依靠复杂的算法规则而达到了很高的预测精度，但是它们仍然是纯经验相关性的。这种水平的科学被当代美国科学哲学家格耳（Geodge Gale）称作“烹饪法”。也就是说这种科学只包括简单经验观察陈述的合取。除了给出“如此这般”的描述外，再没其他东西。中国南宋理学家朱熹就曾主张“格物只就事物上求个当然之理”，而不问其所以然。这就是科学哲学家们所说的“严格意义上的经验科学”。虽然我们现在的全部科学都是由知识的这种状态发展而来，并且进一步变成我们今天所知道的成熟的科学，但是这种古代科学与现代科学之间是有明确的区别的。这种区别几乎全在说明和理解的范围内。

科学说明涉及某种形而上学框架，它假设存在某种特殊类型的个体对象及其相互作用。当一个科学说明的形而上学框架与经验相关性联系起来时，就产生了我们熟悉的现代科学。虽然各民族都或先或后走向这一转变的道路，但是成功地开拓这一道路的是古希腊人。他们较早地提出这样的问题：何种对象，以何种方式相互作用，会产生我们所观察到的相关性现象？古希腊学者提出大量的相互竞争的天文学假说。他们对科学假说提出两个限制性的条件，以保证全部科学的活力。第一，对象及其相互作用和行为必在形而上学上是自然主义的并能提供经验认识论意义；第二，对象的性质和行为必须可以产生观察到的相关性。从逻辑上说，对每组观察相关性总可以设想一系列的形而上学对象及其相互作用和行为。由于对不同的假说裁决常常是非常困难的，许多科学家为了避免犯错误的危险，宁愿采取一种保守的态度，满足于“如果，那么”这种保险的陈述。但是同样也有许多科学家不满足于对我们周围环境的预测和控制这种实践上的需要，还追求理智上的满足，寻找相关性背后的联系。

按这样的分析，中国传统科学基本上属于经验科学。探求因果关系的猜测也不算少，但是成功的理论很少。虽然中国古代贤哲也重视因果假说并对其提出自然主义的要求和“效验”的思想，但同古希腊相比则显得逊色。尽管如此，除形式上和程度上的差别外，中西科学的基本思想是相通的。正因如此，当西学入传中国后，中国传统科学才汇流到世界化的现代科学之中。中国科学现代化在内容上表现为从“格致”到“科学”，而在方法上乾嘉学派的“朴学”则成为从传统过渡现代的桥和船。

在现代之初的中国，“格致”二字是后来使用之“科学”的前身。而“格致”的这种含义被确定下来，与传统学术中实学思想的发展有很大关系。“实学”这一概念不是指称一种理论体系，而是学风之取向，其核心思想是“实事求是”。从汉班固(32～92)在《汉书·河间献王传》中赞献王刘德“实事求是”，到清阮元(1764～1849)将其发展为程序化的方法，几经升华而形成实学的三个里程碑：强调“实理”的理性实学，崇尚“实效”的功利实学和讲求“实证”的实证实学。魏晋玄学强调“自然之理”和“弃名任实”而开理性实学之先河，宋明理学树起了理性实学的第一个里程碑。程、朱将《大学》的“格物致知”与《易传》的“穷理尽性”嫁接，提出“格物穷理”的认识论和推理方法，渊源久远的博物学以此为契机而发展成“格致学”。

“格致”为学兆端于宋末《格物麤谈》一书，它是北宋明僧赞宁(919～1002)博物学著作《物类相感志》中有关经验科学内容的一种辑录。元代莫若为朱世杰的《四元玉鉴》作序(1303)称算学为“格物致知之学”，而朱熹的五传弟子、著名医学家朱震亨(1281～1358)将自己的医学著作定名为《格致余论》并序称“古人以医为吾儒格物致知一事”。明初又有曹昭撰《格致要论》(1387)。

明中叶以后，南宋以来的功利派思想与王守仁(1472～1529)

心学的“知行合一”精神结合，形成实学的第二个里程碑，即功利实学。王守仁的“格物正心”解与朱熹的“格物穷理”解表面上对立，实质上前者的“求一理于内心”与后者的“求万理于外物”是互补的，两者形成格物致知的一辆双轮车。明清时期的“实学家”几乎都投入了关于格物致知的讨论。有些人侧重于伦理道德，有些人侧重于认识论。尽管侧重不同，但他们都强调“格物”的功效。他们对格物致知的讨论的科学意义在于，赋予它探索客观事物的明确意义。罗钦顺（1465～1547）批评王守仁的格物解是“局于内而遗于外”①。高攀龙（1562～1626）强调“学必由格物而入”，并且格物的对象不仅包括人伦道德而且还应包括广阔的自然，鸢飞鱼跃、一草一木，也都在格物之列②。颜元（1635～1704）解“格物致知”，训“格”为“手格之格，身亲其事”，强调行先于知③。方以智（1611～1528）综合朱、王提出“格物之则，即天之则，即心之则”的命题，强调“就物格物”和“以心格物”并施。而可归为科学领域的实学家侧重在亲身“格物”。通过“格物”，李时珍（1518～1593）完成了《本草纲目》（1578年），朱载堉（1536～1611）完成了《乐律全书》（1606），徐光启（1562～1633）完成了《农政全书》（1627），方以智完成了《物理小识》（1631），宋应星完成了《天工开物》（1637），徐弘祖（1587～1641）完成了《徐霞客游记》（1641），这些著作形成了中国传统科学的最后一道光彩。其中李时珍对“格物”有非常明确的意识，不仅沿袭朱震亨的思想将其本草学称作“格物之学”，而且强调“医者贵在格物”。胡文焕（1596年前后在世）从方法的角度扩大“格物”的范围，将自己的几乎包罗万象的考证专著题为《格致丛书》。

　　自徐光启将传教士介绍来的自然哲学与中国的“格物穷理”之

---

① 罗钦顺，《知录附录·再与王阳明书》。

② 高攀龙，《顾泾阳先生论格物》。

③ 颜元，《大学辨业序》。

学对等[①]以后，中国学者开始以儒学格物致知的观念接受西方自然科学，如明末有熊明遇（1580～1650）著《格致草》（1620）。传教士们也逐渐用“格物”、“穷理”和“格致”指称有关自然的学问。高一志（Alphonse Vagnoni，1566～1640）著《空际格致》（1621），汤若望（Jean Schall von Bell，1591～1666）著《坤舆格致》（1643），南怀仁（Ferdinad Verbierst，1623～1688）向康熙帝上《穷理学》（1683）。陈元龙（1652～1736）著百卷本的中国传统科学百科全书《格致镜原》（1735 年），阮元（1764～1849）撰《畴人传》（1795～1799）为儒流格物学者 243 人立传，他们以其著作表明并非一切科学都起源于西方。

洋务运动期间，“格致”被中外学者普遍使用。丁韪良（W. A. P. Martin，1827～1916）编译了《格致入门》（1866）。特别是傅兰雅（John Fryer，1839～1928），他与徐寿（1818～1884）在上海创设“格致书院”（1874），创办《格致汇编》（1876～1890）。遂以“格致”为题名的一批自然科学通论著作出现，如《格致启蒙》、《格致小引》、《格物探原》、《格致新机》、《格致须知》、《格致略论》、《格致释器》、《格致举偶》、《格致问答题要》等。在西学引进不可逆转的形势之下，王仁俊还编撰《格致古微》（1896）专门介绍中国古籍中有关科学的知识。

“格致”的流传最终导致清政府在京师同文馆设“格物馆”（1888）、在京师大学堂设“格致学”（1898），在《钦定学堂章程》（1902）中规定“格致科”为分科大学的八科之一并将其细分为天文学、地质学、高等算学、化学、物理学、动植物学六目。至此，格致学已被规范化。1902 年，梁启超（1873～1929）在《新民》丛报发表《格致学沿革考略》追述了科学的历史，而蔡元培（1868～1940）则对“格物致知”做出科学方法论的总结。蔡氏为其友人的《化学定性

① 徐光启，《几何原本序》及《泰西水法序》。

分析》所作的序中说："科学大法有二：曰归纳法，曰演绎法。归纳者，致曲而会其通，格物是也。演绎者，结一而毕万事，致知是也。二者相互为资，而独辟之智必在取归纳。"在"格致"的名义下中西科学汇流，进而又从"格致"到"科学"[①]，这是中国科学现代化的一大特点。

如果说，在科学内容方面，格致学是连接传统和现代的纽带，那么朴学则在儒流"实事求是"的精神和现代科学的经验方法之间架起了桥梁。"朴学"专指清代的考据学，其渊源可上溯到明杨慎（1488～1559）、陈第（1541～1617）和清初顾炎武（1613～1682）等人考据、训诂的治学方法。在乾嘉时期，考据学进入全盛并形成实学的第三个里程碑，而成为学界主流，人称乾嘉学派。其影响较大者是以思想家戴震（1724～1777）为代表的皖派、以经学家惠栋（1697～1758）为代表的吴派和以社会学家汪中（1745～1794）为代表的扬派。对于乾嘉学派脱离现实而专注书本的风气，后人批评颇多，而对于他们的考释成果则多所称道，意见基本一致。但是，在他们的研究方法对中国科学发展究竟带来怎样的影响这个问题上，分歧很大。它涉及到朴学的方法是不是科学的方法以及方法与对象何者为重的问题。

乾嘉学派集大成者阮元把他们治学的宗旨与方法，概括为"实事求是"[②]。前文已指出，"实事求是"语出东汉班。明杨慎以训古考证求朱熹以前的《六经》，陈第承杨慎以"本证"兼"旁证"考证《诗经》古音，清初顾炎武依陈第的方法考经治史；惠栋研经以古为是，戴震明理力求其是，汪中立学专窥寻是。这些朴学的先驱和领袖确实发扬了"实事求是"的精神，但是，他们没有做明确的概括。在乾嘉学派中颇负众望的洪亮吉（1746～1809）提出"推本述原，实事

---

① 樊洪业（1988），从"格致"到"科学"，《自然辩证法通讯》，第10卷（1988），第3期，第39～50页。

② 阮元，《研经室三集》卷五《惜阴日记序》。

求是"[1]，阮元使"实事求是"的训诂学方法程序化：士人读书，当先从经学开始；研究经学，当先从注疏开始；理解注疏，当先从训古开始；欲明训古，又当从音韵开始[2]。

对于乾嘉学派的"实事求是"精神，现代启蒙学者梁启超曾在其《清代学术概论》(1921)中给予高度评价。对于只把这种精神用于考古而未能应用于自然研究，他虽甚为惋惜，但还是认为"此种研究精神，实近世科学赖以成立"。大力提倡科学方法的胡适(1891～1962)认为，科学方法的核心是"尊重事实和证据"。虽然他很清楚，将科学的方法应用于书本是很不够的，但他还是称赞乾嘉学派的考据方法的科学性，并写下了《清代学者的治学方法》(1920)。在此文中，他首次提出著名的"大胆假设，小心求证"的口号。其后又在《治学方法与材料》(1928)和《中国思想史中的科学方法》(1958)中再次重申。梁启超和胡适意在证明，科学对中国意识并不陌生。胡适在《中国的文艺复兴》(1934)中说："对西方的新科学并没有公开的抵制，从一开始就被作为中国格物致知观念的有用的延伸而受到欢迎。唯一的抵抗是无意识的，即传统的文章和书本习惯的抵制。"

列文森(Joseph. R. Levenson，1920～1969)曾著文《清代经验主义的夭折》(1954)，认为清代早期思想家的经验主义态度不似培根(Francis Bacon，1561～1626)的归纳经验形式，而更像阿贝拉尔(Prire Ablard, 1079～1142)的前科学一元论；而郭颖颐(Danny Wynn Ye Kwok，1932～)则认为，对现代科学的中国前辈的赞扬，毕竟转变成了把清代科学与现代科学连接起来的经验方法。[3] 关于朴学方法的实际影响，可以提出更多的历史证据，上述梁、胡之见只是作为代

① 洪亮吉，《卷施阁文甲集》卷九。

② 《研经室三集》卷二《江西校刻宋本十三经注疏后》。

③ 郭颖颐著(1965)，雷颐译，《中国现代思想中的唯科学主义》，第77页，江苏人民出版社，南京，1989年。

表。我还想提请注意，朴学家并非都埋头于故纸堆中。不但许多朴学家考证、整理中国科学遗产功不可没，而且他们同属于科学领域的许多学者交往所产生的影响亦不可低估，特别是在天文学、数学和地理学领域。

中国与世界

梁启超在民国初年，以时间和空间的结合论历史，把中国的历史划分为中国的中国、亚洲的中国和世界的中国三大时期：

> 第一上世史。自黄帝以迄秦之统一，是中国之中国，即中国民族自发达自竞争之时代也。其最主要者，在战胜土著之蛮族，而有力者及其功臣子弟分据各要地，由酋长而变为封建。复次第兼并，力征无已时，卒乃由夏禹涂山之万国，变为周初孟津之八百诸侯，又变为春秋初年之五十余国，又变为战国时代之七雄，卒至于一统。此实汉族自经营其内部之事，当时所涉者，惟苗种诸侯类而已。
>
> 第二中世史。自秦统一后至清代乾隆之末年，是为亚洲之中国，即中国民族与亚洲各民族交涉频繁颐竞争最烈之时代也。又中央集权之制度，日就完整，君主专制政体全盛之时代也。其内部之主要者，由豪族之帝政变为崛起之帝政。其外部之主要者，则匈奴种西藏种蒙古种通古斯种次第错杂，与汉种竞争。而自形质上观之，汉种常失败，自精神上观之，汉种常制胜。及此时代之末年，亚洲各种族渐向合一之势，为全体一致之运动，以对于外部之大别之种族。
>
> 或问曰，此中世史之时代，凡亘二千年，不太长乎。曰，中国以地太大民族太大之故，故其运动进步，常甚迟缓。二千年来，未尝受亚洲以外大别种族之刺激，故历久而无大异动也。惟此

时代太长之故，令读者不便。故于其中复分三小时代焉，俟本篇乃详析之，今不先及。

第三近世史。自乾隆末年以至今日，是为世界之中国，即中国民族合同全亚洲民族，与西人交涉竞争之时代也。又君主专制政体渐就湮灭，而数千年未经发达之国民立宪政体，将嬗代兴起之时代也。此时代今初萌芽，虽阅时甚短，而其内外之变动，实皆二千年所未有，故不得不自别为一时代。实则近世史者，不过将来史之楔子而已。[①]

美籍华裔历史学家许倬云(1930～　)对梁启超的中国历史分期有些修正，同我们的论题有关的“世界之中国”的修正意见如下：

“世界之中国”的阶段，任公置之于乾隆末年，自然是以海通为断代的据点。实则这一时代的起点，也未始不可再往前推。以世界史的角度看，欧洲的大开拓，当由15世纪新航道的开辟为一纪元。在中国的明代，太平洋已是黄发儿行船走马的舞台，国际性的海盗活动，纵横三大洋，中国沿海的倭寇及此后欧洲人的分占南洋，都不过是这一长期活动的绪余。日本卷入这个漩涡，也当上溯到16世纪。利玛窦以下耶稣会士，不但带来了天文历算，也带来了西方火器及西方科学。明代为此实际曾有过一次小型的科学革命；其余波所及，甚至可包括明末清初诸贤的政治思想与社会思想。黄梨洲与方密之均毋宁由此刺激而对中国原有的普世秩序，提出重大的修正，凡此诸贤的观念，也毋宁为19世纪知识分子的新思潮开一先河。

到了19世纪以后，中国原有普世文化的自我投射，终于显露其虚弱而不能适应的缺陷。中国若在“亚洲之中国”的阶段，即能发展与其他政治体系的平等共存的心态，也能发展对

① 梁启超(1922)，中国史叙论，《饮冰室文集》，商务印书馆，1922年，第34卷，第25页。

其他文化体系的尊重与认识，则中国在进入多国文化的世界时，大致不必如此张皇失措，因为心理上一无准备而一败涂地。

中国失败之余，到抗战时期，绝大多数中国人才认真地体认到国家主权的意义，也才明白了列国相处之重要。

历史的悲喜剧总是弄人不尽。今天的中国人终于体会了中国只是世界的一部分，也体会了，在人类缔造的文明中，中国文化不过占一席之地而已。可是，今天的世界却急剧地缩小，人类各文明之间的交会，已势将汇合为一个共同的人类文明。今日世界事实上正在缔造一个“地球之地球”的普世秩序与普世文化。这是一个辨证式统一；中国过去在“中国之中国”阶段，以人文精神为主导意念发展为普世秩序与普世文化，在下一阶段，中国的经验，中国的悲喜剧，将又可为今日世人历史发展作为借鉴。任公结尾一语，“近世史者，不过将来史之楔子而已”，实为智者的慧眼。[①]

许氏的上述论断不仅对中国现代科学技术史起点的选择提供了历史学的支助，而且他把梁氏的“世界之中国”推进到“地球之地球”的历史视野，也为理解中国科学的未来开通思路。

如果我们考察五百多年来人类理智活动的历史，可以简单地作如下概括：15 世纪中叶文艺复兴勃发，16 世纪中叶宗教改革达到高潮，17 世纪中叶笛卡儿哲学获得胜利，18 世纪中叶启蒙运动使哲学独占鳌头，19 世纪中叶科学攫取权威，20 世纪中叶科学人文主义兴起。

在供我们人类生存的地球上，几百年的发展造成了南穷北富的不平衡。这种不合理的社会结构是由于，自 17 世纪以来经过产

① 许倬云(1991)，《中国文化与世界文化》，贵州人民出版社，1991 年，第 6～7 页。

业革命，欧洲和北美地区利用科学技术的力量和对殖民地的掠夺发达起来，而亚非拉地区则陷入贫穷并蒙受巨大的屈辱，科学技术的发展受到严重的限制。

各国的科学技术事业的发展是脱离不开这种历史背景的。1980年代以来的科学技术史研究，对此已有越来越多的关注。1989年在汉堡召开的第18届国际科学史会议的主题是“科学与政治体制”。加拿大蒙特利尔大学的芬生(Lewis Pyenson)在会上作了题为“科学与帝国主义”的主题演讲。他认为，19世纪后半叶到20世纪前半叶的科学史研究只专注于欧美国家的研究，忽视了对殖民地国家的研究。他从对德国和荷兰的研究得出结论，资本主义国家的科学研究目的是多样的。有纯科学的目的，有商业利益的目的，也有宣扬本国文化优越性的政治目的。他指责了德国和荷兰的科学家们，他们一方面把殖民地的科学用于本国的科学研究，另一方面又向殖民地人民炫耀欧洲文化的优越性。16～18世纪的基督教传教士是这样，19世纪以来的情况也还是这样。

1990年在巴黎又召开了以“科学与帝国主义”为主题的国际会议。在这次会议上，日本东京大学的佐佐木力(Sasaki Chikara，1947～)作了题为“科学和日本帝国，1868～1945”的演讲。他说，1895年中日甲午战争后，日本霸占台湾为殖民地，其后又把朝鲜、南洋诸岛也殖民地化，将中国的东北半殖民地化。他们1907年设满铁中央试验所，1922年设南满洲工业专科学校、旅顺工科大学、满洲医科大学，1924年设台北帝国大学；1928年设朝鲜京城帝国大学；1931年设上海自然科学研究所；1935年设南太平洋热带生物研究所。他认为，1941年太平洋战争以后，日本实行的是帝国主义的科学政策。这种政策的一个典型例证是多田礼吉(1883～1956)的书《南方科学纪行》①。当时多田是中将衔日本技术院总

① 多田礼吉：《南方科学纪行》，科学主义工业社，1943年。

裁。他巡视以荷属东印度群岛为中心的东南亚后写的一份报告说，为向当地人显示日本人种的优越性要利用科学。他认为把日本的第一流的科学家派到这里是必要的，应该以科学技术战代替物质战。他没有提及，在他讲此话的同时，日本侵略军的石井部队，正在中国东北惨无人道地用中国人做试验，制造细菌武器。

发达国家对不发达地区的经济和技术援助的诚意也受到怀疑。开罗第三世界论坛主席伊斯迈耳·萨布里·阿布达拉指出：过去30多年里，发达国家的海外投资倾向基本上限于发达国家之间的互相投资，最初是美国企业向欧洲投资，而后是西欧和日本向美国投资；70年代初美国向海外投资750亿美元，其中投向第三世界的不过26%，而这当中又有约80亿美元是投向拉丁美洲的；发达国家向第三世界的投资性质或是利息的再投资或主要投在石油及其他矿物资源的采掘。

甚至发达国家的某些学者也从学术角度批判了发达国家的本民族中心论。普林斯顿大学历史系教授西利尔·普朗克说：

> 现代化研究从本质上说，还应当批判欧美社会科学的本民族中心主义。现代化研究是否会成为为欧美各国政府利用来强化第三世界对付所谓共产主义威胁的手段，现代化研究的主要倡导者，在本质上是以欧美制度为基准定义现代化的，并用这些制度作为评价其他国家的尺度。[①]

基于历史的记忆和现实，中国长期实行“自力更生为主，争取外援为辅”的方针。对此，美国普林斯顿大学社会学教授吉尔伯特·罗兹曼有如下评论：

> 中国革命以来的三十多年中，至少有二十年可以用“自力更

① 永井道雄著，姜振寰、郑德刚译，《非西方社会的现代化》，第111页，哈尔滨工业大学出版社，哈尔滨，1989年。

生"这一口号相当正确地表达人民共和国的行为。中国的领导层不承认外国人的所有和投资。将对外债务、对外贸易以及来自外国的援助压到最低水平。在援助方面,与苏联分手后几乎处于零的状态。这种状况在某种程度上,至少在一个时期中与斯大林领导下的苏联相似。虽然中国比苏联更孤立,但是在走自己独自的现代化道路这一点上,两个国家是共同的。可以说在国际关系方面,确是一种独特的模式。①

这个评论并不违背事实,但是他没有论及历史的和现实的根源。相对于科学中心的周边关系是第三世界国家科学活动的共性。中国的科学事业既得到过国际社会的援助,也受到过封锁,酸甜苦辣的滋味都尝到了,崇洋的和排外的思想偏向也都出现过。但是,无论如何,作为科学中心周边地位的中国,争取良好的国际科学交往环境是非常重要的。改革开放的新方针为中国科学的国际交往提供了良好的政治的和社会的条件。

在世界"坐标系"中考察"世界之中国",在近几百年来人类之旅的征途中,中华民族是落伍者。经过百余年的努力,中国人民赶上了一段路程,但是仍然处在人类之旅的后队,在科学技术领域处于世界科学中心的周边。但是,曾经在古代创造过辉煌科学技术业绩的中华民族,在未来的21世纪中,有没有机会和条件重争世界科学之旅的前锋?

如果从人类之旅已完成的行程审视近五百多年来的历史,它只是人类走过的道德社会、权势社会和经济社会三大段路的最近的一段。经济社会这段行程,以文艺复兴发现人和自然开始,以人与自然的分离结束。人统治自然的价值观所导致的人和自然关系的异化,已经到了必须做出抉择,实行文化转向的历史关头。人类

---

① 永井道雄著,姜振寰和郑德刚译,《非西方社会的现代化》,第175页,哈尔滨工业大学出版社,哈尔滨,1989年。

之旅的前锋已开始进入智力社会的行程。每当人类之旅到达一个行程转折时，总是要重新确定方向。历史在前进，人的思维是不会停止的。它不仅要寻求新的、迄今无人知晓的目标，而且还要弄清自己应向何处去，怀着发现新事物的愉快心情和勇气走向未来。这种时代的转折和新目标的寻求给予中华民族振兴的机会，并且中国传统文化也蕴含着在现代科学技术基础上实现复兴的条件。

面对人与自然分离的不幸，人们发现了包括科学在内的中国传统文化的现代性和世界意义。中国传统文化可能有助于解决现代科学技术的社会危机，为人类的未来开辟道路的思想已经被提出。

在当代，生态问题已经成为政治问题，成为经济学的新原则，导出了教育思想的新规范，产生了哲学的新世界观，甚至促使宗教界革新其教谕。“生态文化”[①]强调人和自然的统一和不可分割：一方面人作用于自然界，改变自然界，使自然人化；另一方面自然作用于人，人学习自然的“智慧”，提高人的素质和人的本质力量，使人自然化；既不是人统治自然，也不是自然统治人，而是两者相互作用，相互依赖，相互渗透。

反经典进化论的发展理论探讨接近确认：不发达国家已不可能重复发达社会走过的发展道路，多元化的发展模式和道路是可能的。对于将来的选择总是要批判传统、矫正现在。“现在”是“过去”和“未来”的接点。“过去”是传统。正如马克思所说，一般说来传统的惯性是历史的阻力。但是，在适当的条件下，长期被忽视的古代遗惠也可以成为创造的泉源。欧洲文艺复兴就是从回忆中世纪被遗忘的古希腊传统开始创造现代文明的。

作为应该批判的当代社会传统是人与自然关系的异化。但是，

① 余谋昌(1989)，生态文化问题，《自然辩证法研究》，第5卷(1989年)，第4期，第1～9页。

中国传统中也有非常有利于矫正现在和开辟未来的思想武器。中国传统固有的有机自然观和重道德价值结合的“有机人道主义”思想，作为发展现代科学技术的价值取向，可以使人类的活动从人与自然分离回到人与自然和谐的轨道上来，无疑有利于克服现代科学技术带来的种种道德问题。科学不能致善。“善行”基于“善心”，而非基于法律。中国传统道德观中“善”的精神，“不耻恶衣恶食，而耻匹夫匹妇不被其泽”的士人道德准则，与“为人民服务”的共产主义道德是一致的，与当代科技进步所要求的道德相合。

东方传统文化中长期被忽视的道家思想的生态智慧被重新发现，马克思和恩格斯的有机思想中长期被忽视的生态观被重新发掘，这意味着从“人与自然分离”向“人与自然和谐”的复归。这种复归既是东方传统文化的一种世界性的复兴，又是一种新启蒙运动。因为这种复归要求，对已经成为传统的“人与自然分离”的现代社会，进行自我批判。但是，这种自我批判的任务不是埋没理性和科学，而是发展、完善理性和科学。现代科学不一定总是沿着 17 世纪确定下来的路线前进。有种种迹象表明，现代科学的思想基础可能走上取法中国古代哲人的某些思想，现代科学观在某种程度上向道家思想复归。在克服科学文化与人文文化分裂、东方世界与西方世界隔阂的努力中，一些科学家和人文学者自觉或不自觉地塑造了并且塑造着当代新道家的形象。这是否预示着一场新的文化复兴和启蒙运动的兴起？我确信重新发现新道家具有使地球船改变航向的历史意义。黄土文明与海洋文明的融合，有如黄颜色和蓝颜色调和出绿色，将产生人与自然和谐的新的绿色文明①。

中国自 1950 年代后期以来就开始探索适合自己国情的现代化道路，“文化大革命”以后又立下科技兴国之志。1984 年，中国科学院

① 董光璧(1991)，《当代新道家》，华夏出版社，北京，1991 年。

院长卢嘉锡(1915～2001)说：

> 历史证明了马克思的伟大预言，科学技术是推动历史前进的革命的力量。作为一个立志振兴的民族，我们有信心利用科学技术的力量使自己的国家强盛起来，也有勇气支付为把科学技术转变为自身发展的能力所必需的代价。[①]

① 卢嘉锡(1984)，关于新的技术革命研究中的几个问题，《科学学研究》，第2卷(1984)，第2期，第1～6页。

第1章

从传统到现代的心态转变

中国的科学和技术从传统到现代的转变是一个漫长的启蒙过程。传教士的科学输入、洋务派官员的技术引进和觉悟了的知识分子的科学化运动演奏了这一启蒙运动的“三部曲”。在这一转变中，自始至终贯穿着中西文化的冲突和知识分子心态的调整，最终实现了科学同儒学的分离。无论就科学和技术本身所发生的变化，还是中国人心态的变化来说，这一转变都是革命性的。

启蒙三部曲

产生于欧洲的现代科学和技术在中国的传播，首先是由基督教传教士以渗透的方式输入进来的。从1582年利玛窦登上中国国土以后的150多年间，基督教传教士，主要是耶稣会士，在向中国传播科学知识方面，做出了最早的贡献。他们带来了一些科学书籍；在传教的同时也向中国的学者传授了一些西方的天文学、数学、地理学、生物学等方面的科学知识；还帮助中国官方编修历法，制造仪器，装备观象台，测绘中国地理全图。尽管他们的科学活动主要在宫廷范围内，并且内容也主要限于历法领域，但是，这毕竟是中国人接触西方科学和技术的第一步。第二步是 19 世纪下半叶由清政府的洋务派官员迈出的。伴随着洋务运动，世界化的科学和技术第一次被有计划地引进中国。如果说明清之际的基督教传教士把传播科学知识作为他们传教的一种手段，那么，这次洋务派则把现代科学和技术视为"富国强兵"的一种手段。对中国人来说，这是一种从被动接受到主动吸收的变化，它使得西学传播的内容和面向都发生了变化，从明清之际的以历算为主要内容的宫廷科学，转变为以兴办实业为主要内容的实用技术科学。①

在 1860 年代至 1890 年代的三十多年里，在中国建立起第一批现代化的工矿业、交通运输业、邮电业。伴随着这些事业的兴办，通过译书刊、办学校和派遣留学生，现代科学和技术在中国的传播方式、速度、规模和效果都是明清之际传教士们的这类活动所望尘莫及的。但是，洋务运动中的现代化方向和成效在中日甲午战争中受到严峻的检验。一向以中国为师的日本，由于明治维新而强盛到足以打败中国。这一刺激使一部分中国读书人觉醒。他们认识到，像洋务运动那样只限在器物技术方面学习西方是不够的。于是开始效法日本，宣传维新变法，力图实现制度方面的现代化。戊戌变法失败了，接着是辛亥革命。革命虽然推翻了帝制，却又陷入军阀混战。在变法、革命和巩固革命成果的过程中，现代科学变成一种有力的思想武器。科学和技术现代化的第三步主要是由受过西方文化熏陶的中国知识分子进行的。他们兴学会，出报刊，办教育，发动新文化运动。这次民主与科学的文化启蒙运动扫除了反科学的文化环境，科学家团体在中国开始形成，现代科学逐步走向制度化，导致 1928 年中央研究院的建立，从而使现代科学和技术

① 李廷举(1989)，鸦片战争前后西学东渐的差别，《自然辩证法研究》，第 5 卷(1989)，第 5 期，第 54～60 页。

在中国以社会建制的形式成长壮大。

我们先讨论一些认识问题，主要是人们较少讨论的三个问题：传教士传播科学知识的动机和效果，洋务运动科技引进的成败得失和文化认同中的激进与保守。

一

首先讨论有关传教士的问题。基于欧洲基督教教会与现代科学的对立、西方殖民国家的侵略政策以及耶稣会士没有及时地介绍哥白尼(Nicholas Copernicus，1473～1543)学说及其有关的新科学，中国人往往怀疑教士们在中国传播科学知识的动机，并因而忽视他们在这方面种种努力的效果。诚然，传教士们把科学活动作为传教的手段，但在人们对其动机的怀疑中，也包含有对宗教同科学的关系、教会同国家的关系以及早期传教士在中国的科学活动的许多误解。

宗教与科学的关系一般说来，宗教神学与科学对立，但理性神学也曾经是导致现代科学的因素之一。了解理性神学与科学的历史关系，有助于理解传教士对科学所持的态度。基督教在公元1世纪创立之初，其目标是反抗罗马统治者，对产生它的那个时代的文化和哲学思想体系持敌对态度。但是，精神贫乏和愚昧无知的教义毕竟抵抗不住古希腊和罗马文化，特别是哲学。随着基督教向上层社会传播，它不得不改变态度。从2世纪下半叶开始，某些护教派已经开始从古希腊、罗马哲学中千方百计地寻找为基督教辩护的理论根据，接着又发展出一种貌似科学但本质上是伪科学的宗教“神学”。奥古斯丁(Aurelius Augustinus，354～430)运用柏拉图(Platon，公元前427～347/348)哲学阐述基督教世界观，创造了一套系统的基督教哲学，即通称的教父哲学。进入中世纪以后，特别是在11世纪，教会为了垄断社会意识形态而提倡和鼓励神学“研究”。这就导致信仰和理性关系这一矛盾的出现。以安塞伦(Anselm ,1033/1034～1109)为代表的神秘主义者主张“信仰而后理解”,而以阿伯拉德(Pierre Ablard,1079～1144) 为代表的理性论者则主张“理解而后信仰”。不管理性论者多么虔诚,但借助理性必然得出违背教义的结论,因此教会最终必然要在理性和逻辑思维方面服从神秘的信仰。但神秘主义不只一种,除宗教的形式外,还有非宗教的甚至反宗教的形式。这使得企图保持神启真理的教会受到威胁,也使得教会在理性论和神秘主义之间进行抉择陷入困境。托马斯·阿奎那(Thomas Aquinas, 1224～1274) 企图利用已经产生广泛影响的亚里士多德(Aristotle,公元前 384～322)的哲学为基督教神学开辟一条新路。他承认哲学和神学是两个不同的领域和两种不同的学问:哲学以“理性真理”、“自然真理”为对象,而神学以“神启真理”、“信仰真理”为对象。他强调,虽然它们的出发点和方法不同,但是它们不是矛盾的,而是统一的。因为真理之间不会发生矛盾,真理只同谬误对立。这样,哲学和神学乃是同一真理进程的两个不同的方面。但是,他又断言:理性真理可以凭知识来理解并靠严格的逻辑推理来证明,而信仰真理靠理性是不能认识的,只有借天启才能洞察,因此信仰和神学能指示和补充理性,而理性和哲学能为信仰提供证明。这样,尽管科学处于神学婢女的地位,但是它为柏拉图的数学主义和亚里士多德的逻辑主义留有余地,而且为研究自然保留了理由:通过认识自然秩序来认识上帝的智慧创造。一般经院哲学家正是基于这种认识研究自然的。而且也正因为神学中引入理性才使得哥白尼等虔诚的教徒走向反宗教教义的新科学。

教会和国家的关系在欧洲是复杂的并且有过多次反复。从基督教建立开始,教权和世俗政权之间一直反复地进行争夺世界统治权的斗争。分析这段历史,有助于理解不同时期来华教士的传教活动的不同。实际上明清之际的早期传教活动主要是信仰和知识性的，19 世纪中叶后的传教活动则包含了政治内容。

在最初三个世纪里，基督教以造反者的身份与王权对立，君士坦丁大帝之前的大多数皇帝都敌视它。但君士坦丁大帝看到，基督教的内聚力可以用来组织意识，挽救像一块正在被撕碎的破布一样的罗马帝国。由于他的政策，基督教被变成服务于王权的国教。公元 325 年，世界第一次全体主教会议的召开，意味着基督教走上了欧洲人类事务的舞台。1054 年形式上统一的教会分裂了，自称东方正统教的君士坦丁堡教会同信奉“三位一体”天主教义的罗马教会对立。1075 年教皇格里高里七世在拉特兰召开会议，决定禁止世俗政权册封主教，开始了以教权驾驭王权的种种努力。在东方，教会面对的是强大的君主专制，教权对王权无可奈何，而在西方，教会则实现了对封建割据的王权的控制。罗马教皇发动了以夺取救主墓地为名实为掠夺财富的七次十字军东征[①]。在第四次东征中，西方基督骑士攻占了君士坦丁堡，在那里建立了天主教的拉丁帝国。教皇宣布教会重新统一，但是 1261 年拉丁帝国复灭，教会重陷分裂。通过十字军东征教会巩固了教权对王权的控制，并设立了异端裁判所。到 14 世纪初由于圣殿骑士团被镇压，教会不复是世俗政权的可怕的竞争者。经过英国神学家威克利夫(John Wycliffe，1330～1384)、捷克神学家胡斯(Jon hus，1372/1373～1415)从教会内部发起的斗争，在 14～15 世纪教会对世俗政权的控制削弱了。16 世纪，从路德(Martin Luther，1483～1546)开始的遍及欧洲的宗教改革，导致教会的又一次大分裂，出现了只信仰耶和华一神的新教，即统称耶稣教或更正教的各派，与天主教的对立。天主教受到宗教改革运动的严重打击。罗马教廷在西欧和北欧失势，于是在南欧组织反击，1540 年成立反宗教改革的先锋队耶稣会，1542 年建立新式的异端裁判所，1559 年公布第一批禁书

---

① 1097 年，1147 年，1189 年，1202 年，1212 年，1228 年，1244 年。

目录，为了弥补在欧洲的失利又向海外派大批传教士去扩大地盘。在17～18世纪罗马教廷与世俗政权的冲突频繁不断，作为教廷政治工具的耶稣会受到几乎所有欧洲国王的仇视，以致教皇克里门特十四世不得不于1773年解散耶稣会。

基督教曾在唐代(618～907)、元代(1271～1368)两次传入中国，都先后中断。第三次传入时基督教已分裂为天主教、东正教和新教三派。天主教最早进入中国，那是1552年。接着新教于1626年传入台湾，进入大陆是1807年，而东正教则于1689年传入。天主教耶稣会进入中国之时，正值教权与王权在欧洲抗争之际，他们的主要任务是传教，一般说来，并未肩负某个国家的殖民任务。

来中国传教的第一批教士主要来自葡萄牙、西班牙和意大利。葡萄牙和西班牙正在争夺海外贸易霸权，这两个国家的海外传教具有很强的经济目的。葡萄牙国王享有教廷允许的东方传教保护权。葡萄牙国王通过其在罗马的使节请求耶稣会的创始者依格纳丢(Saint Ignatius，1491～1556)派遣学识渊博的耶稣会士到东方去。沙勿略(Fracisco Xavier，1506～1552)被选中，正是他第一个叩开在中国传教的大门。1573年意大利耶稣会士范礼安(Alessadro Valinano，1538～1606)任远东视察员，随他来中国的第一批传教士包括著名的利玛窦。1585年格里高利十三世教皇下令只准耶稣会士到中国传教，1600年克里门特八世教皇又取消了这个限令。在华比利时教士南怀仁(Ferdinand Verbiest，1623～1688)感到传教士不足，在1677～1678年间三次致信耶稣会，呼吁增派传教士来中国。这引起法王路易十四和首相克贝尔(Jean-Baptiste Colbert，1619～1683)的注意。于是克贝尔着手组织国王资助的传教团。他在世未能实现其计划，他的儿子继承父志，于1685年组成以路易大王大学(Le College Louis le Grand)科学教授洪若翰(Jean de Fontany，1643～1710)为团长的六人传教团。他们在中国建立了法国的传教基地，陆续来的一些教士对中国科学事业做出了重要贡献。

只是到了19世纪基督教会才重又依附世俗政权。伴随着殖民主义者的炮舰，在19世纪中叶以后基督新教从各国涌入中国。这时传教已经失去纯信仰和知识的性质，有些教士充当了政府的翻译和官员，有些无耻之徒还劝说中国人吸食鸦片，甚至充当间谍搜集经济和军事情报。一切有正义感的人都会对这种罪恶活动表示愤慨。在教士中也不乏真诚之士，他们在办学校、建医院和出版方面的诚实的文化交流工作的历史作用不应忽视。后面将述及这方面的一些情况。

人们怀疑早期传教士科学诚意的最重要的证据是，传教士们没有及时地把哥白尼学说传到中国。的确，哥白尼早在1543年就出版了他的《天体运行论》，而这个学说迟至1744年才由法国耶稣会士蒋友仁(Michal Benoist，1715～1774)在其《坤舆全图》中介绍。但是我们不应该忘记科学的历史和当时欧洲的环境以及他们的身份。

以科学史来说，哥白尼学说并没有立即被科学界接受，而是经过百余年才得到天文学家公认的。哥白尼的宇宙几何体系虽然比托勒密体系简单，但是在推算精度方面并不比它更精确。再者当时也不存在能对这两个体系做出选择的观察结果。而且按哥白尼学说应观察到恒星视差，可是人们并没有见到。所以，最初只有少数数学家和天文学家作为数学假设接受它。在德国有天文学家雷思霍尔(Erasmus Reinhold，1511～1553)，他以《天体运行论》为历法计算的基础，在1551年刊印了"普鲁士历表"。在英国有数学家莱克德(Robert Recorde，1510～1558)和狄格斯(Thomas Digges，1546～1595)先后在1551年和1572年支持哥白尼学说。经过伽利略(Galilei Galileo，1564～1642)的《关于托勒密和哥白尼两大世界体系的对话》(1632)的普及和牛顿(Isaac Newton，1642～1727)的《自然哲学的数学原理》(1687)的论证，特别是18世纪英国天文学家布拉德莱(James Bradley,1693～1762)1728年发现光行差之后,哥白尼学说才被普遍接受。

就宗教来说,哥白尼学说同主张地球不动并处于宇宙中心的教义相冲突。教会在这个问题上的态度是,只要把哥白尼学说视为描述现象的数学假设而不是对天体的真实描述,就允许天文学家采用哥白尼体系。因为,在《天体运行论》中有一个由路德教派教徒奥希安德(Andreas Osiander,1498～1552)伪造的序言,说书中的宇宙体系只是为了计算方便,因而教会并未干涉。1610年,伽利略的《星界信使》报告了望远镜观察到木星的卫星,可为哥白尼体系提供旁证,这时才引起教会的重视。佛罗伦萨的主教们于1611年开会讨论如何对待新天文学理论问题。意大利主教福斯卡里尼(Paolo Antoia Foscarini,1580～1616)认为哥白尼和伽利略的新发现都未违背教义,他在1615年把自己的一本企图调和新天文学和《圣经》教义的书送给了他的朋友红衣主教贝拉尔敏(Gardinal Robert Bellarmine,1542～1621)。贝拉尔敏回信劝福斯卡里尼和伽利略不要把哥白尼宇宙体系当作天体的真实情况,而只要把它当作方便计算的假设即可。伽利略拒绝接受这个建议。1616年2月19日,教廷审查部的神学顾问们宣布:"太阳固定于宇宙的中心"和"地球有自转和绕日公转两种运动"这两个命题确属异端,不几天就传讯了伽利略。当伽利略的《关于托勒密和哥白尼两大世界体的对话》出版后,1633年伽利略受到审判。

就来华的传教士来说,在天文学方面他们并不都特别保守。据科学史家李约瑟调查,他们当中有些人是赞成哥白尼学说的,并且在伽利略被判罪之前以某些方式传播过这个学说。伽利略被判罪的消息传到中国之后,他们急于拉下帷幕,把哥白尼学说换成托勒密学说[①]。这些人包括波兰耶稣会士卜弥格(Michel Boym,1612～1689)和穆尼阁(Nicholas Smogulecki,1611～1656)、意大利耶稣会士邓玉函(Johnnes Terrentius,1576～1630)和祁维材(Wenceslaus Kirwitzer)、德国耶稣会士汤若望(Schall von Bell,1645～1666)等。但是,鉴于伽利略的遭遇他们不得不隐蔽地讲述自己的观点。在《崇祯历书》中,不但引用了哥白尼27项观测数据中的17项,而且基本上译出了其中的11章[②③],介绍伽利略关于太阳黑子的观测现象和开普勒(Johannes kepler,1571～1630)《论火星运动》(1609年)的某些内容。

传教士的科学诚意受到怀疑的另一个论据是,《崇祯历书》选用了“落后的”第谷(Tycho Brahe,1546～1601)体系[④]。江晓原的工作澄清了“落后的”误解。直到17世纪初,第谷的天文体系在欧洲仍然被认为足以与哥白尼体系一争长短。在简洁性方面第谷体系稍逊于哥白尼体系,在解释新天象方面两者平分秋色,而在精确性方面第谷体系则超过哥白尼体系。就制订历法来说,第谷体系是先进的,哥白尼体系是落后的,选择前者制定历法是无可非议的。何况,对于历法中国学者一向以疏密定优劣,传教士们只有选择第谷体系才能达到预定的目的。

二

下面我们转入讨论有关洋务运动的诸问题。这是中国现代史的一极为复杂的问题,但科技引进无疑是这个运动的中心内容,它在科学和技术史上的地位和作用问题越来越受到重视。在这里我

---

① 李约瑟(1975),《中国科学技术史》,第4卷,天文学,第2册,第20章,第10节,科学出版社,北京,1975年。

② 席泽宗等(1973),日心地动说在中国,《中国科学》,第16卷(1973),第3期。

③ 江晓原:天文学的传入及影响,《中国近现代科学技术史》,第47～86页,董光璧主编,湖南教育出版社,长沙,1997年。

④ 江晓原(1989),第谷天文体系的先进性问题,《自然辩证法通讯》,第11卷(1989),第1期,第47～52页。

们试图以更广阔的历史视角并从后效着眼考察其成败得失。

在19世纪中叶,中国仍处在封闭的权势社会之中,而西欧和北美的许多国家已实现了从权势社会到经济社会的转变,成为世界舞台的中心,并且疯狂地扩张势力,后进的国家几乎都被列强侵占而沦为殖民地。各列强都急于用他们的"文明"来"教化"这最后的也是最大的"半开化的"专制的中国。当时的中国在对抗全世界,洋务运动就是对这种外来压力的一种应急反应。其结果是,中国沦为半殖民地。作为后设假设有二:其一,如果当时的中国继续闭关不变,必将沦为殖民地;其二,如果当时的中国实行彻底变革,或许能跻身国际经济社会。但是,"后设假设"毕竟是"后设的",历史的进程是不顾后设者的。尽管如此,我们还是可以通过比较进行讨论,特别是同中国的两个邻国印度和日本作比较,中国洋务运动的效果容易看清楚。

印度曾经有过辉煌的古代文明,以致一个个文化相对落后的外来征服者都被同化。但是,自莫卧儿帝国衰落以后,印度教与穆斯林的对立、各种姓之间的对立、诸侯国之间的对立所造成的纷乱局面,为外来入侵者提供了方便。从17世纪末开始,葡萄牙人、荷兰人、瑞典人、丹麦人、法国人和英国人先后闯入并互相竞争,最后英国人在那里建立了殖民统治。马克思(Karl Marx,1818～1883)在1853年曾经对此有过这样的评论:

> 相继征服过印度的阿拉伯人、土耳其人、鞑旦人和莫卧儿人,都不久就被当地居民通化了。野蛮的征服者总是被那些他们所征服的民族的较高的文化所征服,这是一条永恒的历史规律。不列颠人是第一批发展程度高于印度的征服者,因此印度的文明就影响不了他们。他们破坏了本地的公社,摧毁了本地的工业,夷平了本地社会中伟大和突出的一切,从而也就消灭了印度的文明。英国人在印度进行统治的历史,除破坏以外恐怕

没有什么内容了。他们的建设性的工作在这大堆大堆的废墟里使人很难看出来。不过,这种建设性的工作总算已经开始了。[①]

人们很少拿印度与中国比较,却常常把日本的明治维新和中国的洋务运动相提并论。井上清已经指出,两者在性质上和历史阶段上根本不同,不能相提并论[②],金耀基对于中国现代化的三个层次的分析[③],大有助于深刻理解这两者的根本差异。我这里试图从比较现代化的两种相反程序来讨论这个问题。在现代化"摇篮"地区的各国大体上沿着思想解放运动、政治革命和工业化的历程走向现代化社会。而后进的国家进入现代社会基本上是这个程序的反演,即从科技器物层次、制度层次到思想行为层次。

在欧洲现代史上有过两次大的思想解放运动,一次是文艺复兴,一次是启蒙运动。文艺复兴是14～16世纪欧洲思想解放运动的总称。它发源于14世纪意大利的人文主义,继而扩展到整个欧洲,在15世纪末至16世纪初形成规模宏大的文化思想运动。它包括意大利的人文主义、德国的宗教改革和法国的文艺复兴。文艺复兴运动的功绩从整体上讲是"发现"了人和自然。它促成了资本经济的发展和现代科学的形成。产生文艺复兴的历史条件是工场手工业生产方式和市民阶层的存在。建立君主制和发展科学是市民阶层经济利益的要求。君主制是建立统一的民族国家、保护资本经济发展的保证,而科学和技术是发展经济的手段。所以,文艺复兴运动的社会理论表现为反对封建割据,主张建立君主制。16世纪末,欧洲大部分地区建立了君主制的民族国家,少数国家还实行了君主立宪。欧洲大部分地区的资本经济有了较快的发展,以

① 马克斯(1853),不列颠在印度统治的未来结果,《马克思恩格斯选集》,第二卷,第69～75页,人民出版社,1972年。

② 井上清(1985),中国的洋务运动和日本的明治维新,《近代史研究》,1985年第1期,第218～244页。

③ 金耀基(1966),《从传统到现代》,商务印书馆,台北,1966年。

哥白尼的《天体运行论》出版为标志的现代自然科学革命也开始了。17～19世纪的欧洲被称为启蒙时代，它是继文艺复兴之后的又一次思想解放运动。启蒙运动以民主和法制的精神反对君主专制，以理性和科学反对宗教神学。这次思想解放运动发端于17世纪的英国，但波澜壮阔的启蒙运动却出现在君主制最强的18世纪的法国。英国洛克(John Locke，1632～1704)的哲学和牛顿的科学成为法国启蒙学者的现成武器。法国的启蒙运动为北美的独立战争和法国1789年的大革命作了思想准备。法国的启蒙扩展到欧洲各国，导致这些国家的革命。1760～1830年英国首先完成了工业革命，随后又有一些其他国家实现了工业化。

中国从秦代(公元前221～公元前202)始就建立了中央集权的君主制国家。虽然有汉(公元前202～220)后的三国(220～280)、两晋(265～420)和南北朝(420～589)的三百多年的分裂以及唐(618～907)后的五代十国(907～960)的短期分裂，但中国基本上是中央集权的君主专制国家。直到宋代(960～1279)，随着商业和手工业的发展，中国才有了类似文艺复兴的苗头，不幸由于蒙古游牧民族的入主而夭折。明(1368～1644)中叶以后再次形成向经济社会过渡的初步条件，又因明末的农民起义和满族游牧民族的入主而中断。因两次受挫，中国在这次世界性的从权势社会向经济社会的转变中已落后于欧洲。向经济社会迈进的欧洲国家，在16～17世纪就已进行海外殖民活动。在18世纪，世界上的后进国家几乎都成了殖民地，唯有中国尚有防卫能力。但是，在19世纪，西方列强一起来瓜分中国，两次鸦片战争①的败北，使中国统治者第一次认识到强敌的存在，确定了"师夷长技以制夷"的方略。在不到六十年的时间里，通过洋务运动、戊戌变法和辛亥革命、新文化运动，欧洲近五百年的现代化史被草率地反演。正是这种不可避免的程序倒置所具有的不彻底性，导

① 第一次鸦片战争1840～1842年，第二次鸦片战争1856～1860年。

致现代中国不得不程序紊乱地反复重演欧洲走向现代社会的进程。

日本现代化的程序也是反演的欧洲程序。在1853年，美国炮舰打开大门时，日本已经经历了七百多年的封建割据。善于学习外来文化的日本人，不像中国统治者在第一次鸦片战争之后二十年才开始洋务运动那样迟钝。幕府首席老中〔大臣〕阿部正弘(1819～1857)立即做出改革的反应。他依靠过去受幕府压抑的兰学家实行改革。在江户建枪炮制造所，毁佛寺钟铸大炮；设蛮书取调所，讲习和翻译西书；在长崎设海军传习所和铁厂；萨摩、肥前、长州、土佐等藩也施行类似的改革。虽然规模远不及中国洋务运动，但改革的目标和内容基本相同。1868年，封建割据的幕府制为"王政复古"的明治君主制取代，1890年又进而实现了立宪制。在明治的中央集权下，"富国强兵"、"殖产兴业"和"文明开化"并举，举国上下全面革新。日本的明治维新显然不同于中国的洋务运动。洋务运动在科技器物层次，而明治维新则达到制度层次和思想行为层次。日本的"复合文化"背景和英、美赏识的国际环境，使它很快跻身列强之中。但是，日本这种国家强制工业化的方式，也造成日本还必须经过半个世纪的民主化历程，才进入经济社会。

洋务运动引进西方现代化工业技术主要的目的是"强兵"。"中体西用"是张之洞(1837～1909)对洋务运动指导思想的理论性概括。这种思想上的"卫道"与"实用"结合的双重性格，使洋务运动成为"西洋技艺"和"华夏精神"的"混血儿"。洋务运动的这种选择是多种因素制约而成的。

鸦片战争是中国官方对外力认识的一个转折点。此前，两广总督林则徐(1785～1850)对大清的军力是充分自信的。可是，英国舰队攻占厦门和定海使他震惊。于是他建议抽广东海关税整备海防，为虎门要塞防务从国外购入2000多条洋枪，并决心制造舰船、火炮和弹药。道光皇帝也亲命各地赶造。十三行积极行动，1841年洋行商人潘仕成(1804～1873)造了一艘33米长、载人300

的新舰，遂受命领导造兵船和洋枪洋炮。中国军队武器的改进曾使第二次鸦片战争中的敌人震惊。另一方面，太平天国运动（1851～1864）是中国官方对内乱认识的一个转折点，疾风暴雨般的农民起义使统治者感到政权存亡的巨大危机。统治集团的核心人物权衡内忧外患，采取了“实用”与“卫道”的折中方案，而不考虑任何制度上的根本改革。

在文人方面，内忧外患的权衡又总是与中西文化取舍纠缠在一起。鸦片战争前已有一些基督教新教传教士在南洋华侨中、在香港和澳门，甚至潜入广州传教。英国伦敦布道会的马礼逊（Robert Marrison，1781～1834）于1818年在马六甲办“英华书院”，1844年迁香港。伦敦布道会的米怜（William Milne，1785～1822）用汉文在南洋出版《察世俗流记传》（1815～1823）。英商马地臣（James William Matheson，1796～1878）和德国教士郭实腊（Karl F. A. Gutzlaff，1803～1851）创办“在华实用知识联合会”（1834～1839）。马礼逊逝世后，英商颠地（Lancelot Dent，生卒年不详）任主席的“马礼逊教育学会”于1836年在广州成立，在中国开办和资助学校。1839年在澳门开办了中国第一所西式学堂——“马礼逊学堂”（1839～1849），美国耶鲁大学高才生公理会教士布朗（Samuel Robbins Brown，1810～1880）任校长。1835年美国教士医生伯驾（Peter Parker，1804～1889）在广州十三行内的新豆栏街开“眼科医局”，时称“新豆栏医局”，东印度公司的医生哥利支在那里服务多年。1838年成立“广州医务传教会”，1861年在北京建“协和医院”，1875年创刊《万国公报》，1887年创办“同文学会”（后改称“广学会”）。这些无疑对传播西学和培养西化人才起了一定的作用。如“马礼逊学校”培养的容闳（1828～1912）成为中国第一位留美学生，回国后成为洋务运动知识分子骨干之一；而黄宽（1828～1878）则成为我国第一位留英学医学的学生。受西学影响的知识分子毕竟很少，大多数儒士“无动于衷”。特别是面对列强的侵略，保种和保学被视为是一致的；习惯于“忠君”和“儒道”的儒士又反对农民起义，而“中体西用”尚可接受。

农民起义对权势社会的沉重打击、传教士的传播西学无疑都形成洋务运动的助力。随着中国的大门被殖民者的炮舰打开，传教士再次涌入。由伦敦布道会开办、由传教士麦都思（Walter H. Medurst，1796～1857）首任主持的墨海书馆（1843～1843）揭开了第二次西学东渐的序幕。教会学院为洋务事业提供了一些毕业生，来华教士组织的益智书会（1879～1905）在编写和出版科学教材以及统一科技术语方面所做的众多工作，实际上帮助了洋务运动。但是这些常常被许多论者所忽视，并且对于洋务运动的后效更少为人论及。其实只需略加指明无需细论。洋务运动造成了引进西学的不可逆转的局面，维新派和革命派都是洋务运动熏陶出来的新人。他们指责洋务派的改革不彻底，说明他们的活动是洋务运动的深入的继续。清末的改革不能满足维新派的要求，但它至少是洋务派路线的继续。洋务运动的工业虽然没有为工业现代化奠定基础，特别是“官办”性强限制了资本经济的发展，但它至少在民众中起到了现代工业技术的示范作用。洋务运动抵制外资的努力，使中国免于像印度那样沦为完全的殖民地。洋务运动中断的主客观的因素很多，但其主要罪责是新崛起的日本的侵略。而日本现代化的发展则受益于对中国的掠夺。

三

最后我们来讨论有关新文化运动的诸问题。中国的洋务运动因日本的侵略而夭折。从1895年至1927年，这三十多年是中国社会在西方现代科学冲击下的激变时期。在这段时间里，现代科学在中国显示了它的文化功能。在中华民族存亡未卜的危急关头，严复（1854～1921）把赫胥黎（Thomas H. Huxley，1825～1995）的

《演化论与伦理学》(Evolution and Ethics)(1893)译作《天演论》于1898年出版。它所阐发的进化历史观和强烈的反传统精神，正合中国知识分子要求变革的心态。它立即被中国一般知识分子接受甚至狂信。在三十多年里中国社会达尔文主义成为显学，几乎支配了中国的文化思想，为社会政治改革提供了一种理论基础。

这三十多年的激变时期，明显地呈现三个阶段：变法、革命和新文化运动。变法首先由以康有为(1858～1927)为代表的一批维新派知识分子发动。他们的目标是效法西方，实行立宪。但是，朝廷的接受却是有限度的，光绪皇帝征得慈禧太后认可的1898年(光绪二十四年)“明定国是诏”沿袭的基本上是洋务派路线。而且，当光绪皇帝的组织措施使皇太后感到权力威胁时，她发动了政变。维新派志士伏尸菜市口刑场，光绪皇帝被囚禁中南海瀛台。义和团起义和八国联军侵陷北京的内外变局又促使慈禧皇太后重新变法，在1901～1910年之间“力行实政”。新政的主要内容是：在经济方面，提倡和鼓励私人资本办工业；在教育方面，废科举，办学堂，派出国留学生；在军事方面，改革军制；在政治方面，准备立宪。这种新政既承袭了洋务运动的事业，又实现了维新派的某些要求。这十几年的变法时期是中国空前未有的“西化”时期，学会、报刊和学校是传播西学的主要媒介。在朝廷进行新政的同时，一部分知识分子就在酝酿革命，组织革命党、发动武装起义，终于1912年清帝被迫宣布退位。接着的是一系列的革命与反革命的较量：袁世凯(1859～1916)称帝，北洋军阀混战，讨袁、护法之役，各省割据、叛变，国民党和共产党的联合、斗争……。在这新旧更迭的中国政局大动乱时期，中国的现代化进入了思想行为层次。这种“进入”的直接动因是对时政的失望。一些知识分子开始从文化的层次思考政治腐败的根源，为中国现代化开辟新领域。这种思考，主要是由于文化认同对象的不同而形成激进的新文化运动同保守的国故运动的对峙。前者把西方文化作为认同对象，提倡以科学为主要内容的文化取代传统文化;后者把中国传统文化作为认同对象,提倡传统现代化以对抗西化。就对待传统文化的态度来说,这两派的争论可以视为传统与反传统的争论;就对待西方文化的态度来说,他们的争论是西化与反西化的争论。但是,更为本质的分歧是科学文化与人文文化的分歧。这两种文化的对抗不只有中国自己的历史根源,而且和世界文化进程的背景密切相关。

中国的新文化运动本质上是一次启蒙运动。德国哲学家康德(Immanuel Kant,1724～1804)早在法国大革命五年前,就在他的著作《什么是启蒙》(1784 年)中说过:“革命也许能够打倒专制和功利主义,但它自身绝不能改变人们的思维方式。”新文化运动就是一场改变中国人思维和行为方式的启蒙运动。欧洲启蒙学者渴望的是从宗教思想的禁锢中解放出来,而中国启蒙学者则是要从儒学文化传统中挣脱出来。中国的这次思想启蒙运动包括了三代人的努力。以梁启超(1873～1929)和章太炎(1869～1936)为代表的第一代以反奴性拉开启蒙的序幕。以陈独秀(1879～1942)和胡适为代表的第二代打起民主与科学的大旗。以罗家伦(1897～1969)和傅斯年(1896～1950)为代表的第三代是第二代的学生。两代人代际合作向传统开战,尽管后者在态度上更克制一些。这新文化运动至少包括文学革命、世界观变革和科学启蒙三方面的内容,并导致马克思主义在中国的传播。

文学革命始于胡适提倡白话文,陈独秀接着提出“文学革命”的口号,而他们的学生一代则决心把文学变成启蒙的工具,通过语言平民化抽掉旧文人的社会权威基础,使文学注入新的感情,把新文化观推向社会。语言和意识密切相关,甚至可以说语言决定人性。这次语言和文学的革命,为新型知识分子的形成和科学文化传播做出了极为重要的贡献。

变革世界观是两代启蒙学者的共同目标,一个科学的世界观具有固有的自由性和进步性是他们共同的信念。先生代认为,科学无所不包，它不但能给出客观的自然知识，还能预示人生和社会的发展趋向，以科学为代表的思维方式是正确了解宇宙和人生的唯一有效方法。学生代的"新潮"派虽然也热心于科学的世界观，但他们最感兴趣的是科学方法。他们最关心的是科学家们是怎样得出他们的结论的，而不去注意这些结论本身的正确性能维持多久。他们强调用逻辑推理和实证方法分析人类生活，通过科学的手段促进普遍的批评观。

科学启蒙一般被著作家排斥在新文化运动之外。其直接原因或许是这部分活动没有加入激进与保守之间的争论。最根本的原因是并没有深刻意识到新文化本质上是科学文化。其实，作为新文化运动的科学启蒙活动是与其他两种活动齐头并进的。科学启蒙作为新文化运动一部分的最突出的特点就是科学学会的兴起。维新变法时期昙花一现的诸多学会，专门的科学学会极少。在新文化运动时期科学学会才真正兴起。从1907～1927年共成立了十六个学会[①]。其中1915年成立的"中国科学社"是一个对中国科学事业有深远影响的综合性的自然科学学会。这些科学学会通过组织和刊物做了大量推进中国科学事业的启蒙工作，为中国科学事业走向体制化奠定了基础。[②]

文化保守主义是非常复杂的。洋务运动的"中体西用"是文化保守主义的最初表现。国故运动是文化保守主义的主要形式，在新文化运动之前的十几年里一度风行学术界。其后的"学衡"派和当代新儒家是国故运动的繁衍谱系。国故运动有三个可以区分的派别[③]：承袭乾嘉汉学传统的古文学派，承袭宋明理学的今文学派和把儒学

① 尹恭成(1985)，近代中国科学技术团体，《中国科学技术史料》，第6卷(1985)，第5期，第47～56页。

② 樊洪业和李真真(1989)，科学家对五四新文化运动的贡献，《自然辩证法通讯》，第11卷(1989)，第3期，第41～49页。

③ 梁启超(1915)，孔子教义实际裨益于今日国者何在？欲昌明之其道何由？《大中华》，第1卷(1915)，第1期。

宗教化的儒教派。文化保守主义并不是传统主义，它把经学和社会达尔文主义结合起来，对中国传统文化进行了批判性的改造。它是在西方文化冲击下，保存中国文化遗产的一种特殊方式，并且是中华民族理解文化这个观念本身的一个新途径①。文化保守主义者的出发点是文化和政治、经济分离的超越意识。他们或者把文化道德化，寻找某个原理证明他们的道德直觉；或者把儒学理性化，以新的世界史框架整构中国文化。他们都企图使中国传统文化具有现世性格。

文化保守主义的出现和存在有其历史和现实的根源。对现代化的保守反应是一个世界性现象。在现代化的“摇篮”西欧之外的地区，如印度、日本都出现过这种现象。在中国出现这种现象的国内根源是，参与改革或革命的中国知识分子面对失败的一种自主性反应，他们以光复种族、复兴文化遗产为己任。而其国外影响则是来自19世纪末的反知识哲学思潮和20世纪初期的反科学主义文化。以柏格森(Heri Bergson，1859～1941)哲学为代表的反知识主义，怀疑科学思想的价值，把本能和直觉置于理性之上。在第一次世界大战期间，欧洲弥漫着一种怀疑科学文化的气氛。科学和技术曾给人类带来改善生活和处境的巨大信心，但屠杀和毁灭无疑也借助了科学技术手段。在这伟大的成就和更大的危机并存的时期，悲观主义的文化哲学出来动摇人类的进取心。斯本格勒(Oswald Spengler，1880～1936)出版他的二卷本《西方的没落》(1918～1922)，向一切科学方法挑战。当梁启超在《欧游心影录》中介绍了欧洲知识界的这种心态时，一语“科学破产”立即激起中国的“科玄论战”。

中国现代化的历史是中华民族在外来压力下，从各方面调整步伐，力图跻身于现代国际社会之努力的历史。文化激进主义和文化保守主义都是中国知识分子在急迫中做出的反应，以其内部

① 傅乐诗(Charlotte Furth)，现代中国保守主义的文化与政治，《港台及海外学者论近代中国文化》，姜义华等编，重庆出版社，重庆，1987年。

的潜力适应外来文化。传统与反传统作为判定激进与保守的标准是表面的。以社会中轴原理分析,从权势社会向经济社会过渡的根本任务是用“经济中轴”取代“权势中轴”。文化激进主义和文化保守主义都没有认识到中国处在从权势社会向经济社会转变的这一历史进程及其根本任务。前者主张的实质是试图以“智力中轴”取代“权势中轴”,而后者主张的实质则是试图以“道德中轴”取代“权势中轴”。两者的选择都是不适时宜的,“保守”的实质在于选择了过时的道德中轴,而“激进”的实质则在于选择了超前的智力中轴。但我们不能因此而把激进与保守视为半斤八两,激进主义比保守主义具有更多的进步性。因为科学文化能够提倡一种各民族可以普遍接受的价值标准,能够执行广义的批判功能,能够促进全人类的文化趋同。[①]

文化冲突与心态调整

不同文化的交流和融合是文化发展动力之一。但是,由于历史的惯性,在不同文化相接触之初,往往发生这样或那样的冲突。当骄傲的耶稣会士以其“欧洲文化中心论”向具有悠久文化传统的中国传授西学时,中国儒士阶层出于民族自尊感,以其根深蒂固的“中国文化中心论”的文化观对抗外来文化。这种抵抗突出表现为两个历史事件:“历法之争”和“科玄论战”。前者在康熙年间酿成由杨光先(1597～1669)发难的长达十年(1660～1669)之久的“历讼”,后者形成1920年代传统世界观与科学世界观的论战。在理论形态上这种抗拒表现为三个带有政策性的理论观点:“中西会通”说、“西学中源”说和“中体西用”说。

这种中西文化冲突,在科学和技术范围内,并非通常被人们所认

① 金正耀(1987),作为文化的科学与人类的未来,《科学学研究》,第5卷(1987),第3期,第26～33页。

为的两种不同类型的科学之间的冲突。中国的优秀科学遗产不但不与现代科学相冲突，而且是接受和吸收它的基础。这种冲突是一种文化传统惯性的反映。我们可以借色彩学的“残像”来说明文化观的惰性。当直盯着红色的眼睛突然转向白色时，将会感到在白色的背景上出现两者的补色，即绿色。这种现象在色彩理论中叫“残留图像”，简称残像。类似地，从一种旧文化向新文化的转变过程中，也会出现“文化残像”。所不同的是，色彩残像是色和光产生的生理反应，而文化残像则是社会文化的深层心理反映。

一

发生在明末清初的历法之争，是中学对西学的第一次抗争。明代一直沿用的《大统历》(参用《回回历》)因年久失修授时误差过大。徐光启和李之藻(1565～1630)力主改历。1629年(崇祯二年)徐光启受命督领修编历法。设西局，聘用中西天文学家，引西法编历书。他死后由李天经接任，终于1635年完成一百三十七卷的《崇祯历书》。在这个过程中，川人冷守中、满城魏文魁分别于1630和1631年呈旧法以抗新法。终因新法密合而旧法不验，遂朝廷议废《大统历》而颁新历。因郭正中力言中历不可尽废，西法不可专行，直至1643年崇祯帝才决意颁行新历。但此时明王朝已危在旦夕，安能颁历！

入清，参加编《崇祯历书》的德国耶稣会士汤若望将其略加增删，更名《西洋历法新书》呈奉顺治帝。1644年(顺治元年)日食，惟新法密合天行，遂于翌年将其召颁天下，赐名《时宪历》并任命汤若望为钦天监监正。这是一部应用欧洲天文算法而又保留了某些中国传统形式但本质上属于西洋的历法，它比《大统历》和《回回历》精确。但回回历法家不服，一再同汤若望作对。1657年被罢秋官正官职的回回科中心人物吴明烜再次以旧法同新法较量，因其推算不验而险受绞刑。

汤若望凭借其先进的天文知识掌权钦天监。他的全面排斥异己的做法及其鲜明的宣教行为,引起保守的儒士极大的不满。以参劾大学士温体仁和给事中陈启新而出名的新安卫官生杨光先,鼓动起一场历讼[①],一举将钦天监权夺回。他 1659 年著《辟邪论》攻击天主教,翌年上书朝廷,参劾汤若望等潜谋造反,邪说惑众,历法荒谬。他以汤若望所修历法书写有"依西洋新法"为理由,攻其暗窃正朔之权给西洋,使中国奉西洋正朔而失体统。因顺治帝对汤若望等甚宠,此奏未效。但是,杨不肯罢休,继续造舆论,极端到主张"宁可中夏无好历法,也不可使中夏有洋人"。1661 年顺治帝驾崩,八岁的康熙帝嗣位,由索尼、遏必隆、苏克萨哈、鳌拜四大臣辅政。1664 年杨光先再上《请诛邪教状》,1665 年又借荣亲王葬礼择日问题上《选择议》攻击汤若望。于是,鳌拜兴狱,领导钦天监二十年的汤若望被处以革职监绞候。由于汤若望为先帝宠臣,皇太后下令赦免。而钦天监职官李祖白、宋可成、宋发、朱光显、刘存泰等五人则惨遭杀害,南怀仁等数十名传教士受拘禁,杨光先因此迁升钦天监监正。

杨光先上任后,将通西法的历算家三十余人剪除净尽,恢复旧法。一则,旧法推算屡与天行不合,二则他本人对新旧历术皆不通,杨光先以"但知推步之理,不知推步之数"为由,五次请求辞职,未获准。康熙帝亲政(1667)后,重新起用南怀仁等耶稣会士。1668 年 12 月 27 日至 1669 年 2 月 2 日间,中西历法家在众朝臣面前比验新旧法的高低。结果,新法"逐款皆符",而旧法"所指不实"。在这种情况下,杨光先仍上奏折说,"若用西历,必至短促国祚,不利子孙",极力阻止采用西法。康熙帝明断,平反昭雪汤若望冤狱,任南怀仁为钦天

① 张力和刘鉴唐(1987),《中国教会史》,第三章第二节"康熙初年的大教案:历监狱",四川社会科学出版社,成都,1987 年。

监监正，杨光先诬告反坐。1672年布衣杨燝南又掀起讥刺西法案，欲为杨光先平反，结果被杖并徒三年①。从此西法天文学在钦天监中的地位巩固下来。

近四十年的历法之争的前三十年，重点还是在历法的疏密问题上。杨光先制造的"历讼"案则主要表现为排外的"夷夏大防"问题。因为西法的胜利，迫使中国儒士阶层必须进行心态调整。在如何对待中西文化问题上，中西会通、西学中源和中体西用相继被提出。"中西会通"说本来可以成为促进中国科学现代化的指导思想，遗憾的是，由于把"西学中源"说作为理论基础，而走上以经学治科学的歧路。中国确有丰富的科学遗产，但"西学中源"说把它说成是西方现代科学之源，这是一种可悲的自我欺骗。由于对于科学与民主政治之关系的无知，清政府炮制出"中体西用"的政策，妄图在专制制度及其伦常名教的桎梏下发展科学技术。

"中西会通"说出现在中西文化接触之初。"会通"一词源于《易传》，首倡"中西会通"说的是徐光启。他在《历书总目表》中提出"欲求超胜，必先会通"。但其流行却是在王锡阐(1628～1682)、梅文鼎(1633～1721)力阐之后。"中西会通"说强调"法有可采何论东西，理所当明何分新旧"(梅文鼎：《堑堵测量》卷二)，"考正古法之误，而存其是；择西说之长，而去其短"(《畴人传》卷三十五)。这是一种积极的理论观点。因为它是作为"超胜"的条件提出来的。说它是积极的观点还因为它在事实上和理论上都有一定的根据。在事实上，中西科学确有相通或契合之处。在理论上，不同的科学思想可以相互影响并产生新的创造。在中国传播科学知识的耶稣会士最早提到中西文化的契合。如利玛窦在1600年向明万历皇帝进献贡礼的奏疏中说："天地图及度数，深测其秘，制器观象，

① 黄一农(1991)，杨燝南——最后一位疏告西方天文学的保守知识分子，《汉学研究》，第9卷(1991)，第1期，第229～245页。

考验日晷,并与中国古法吻合。”

“中西会通”说提倡者徐光启的“会通”实践是他督修的《崇祯历书》,其“会通”的主要内容是中西度量的换算。在后面还要介绍“会通”学者更多的工作,但是都没有达到超胜。倡“中西会通”最力者梅文鼎的“会通”佳作《几何通解》,也只不过是用勾股术解释《几何原本》。虽然他们以本国人熟悉的学术语言介绍西方学术不无功劳,但是这种“会通”实质上只是以中国原有之学重建西方传入之学。这样的“会通”是徒劳的。《大统》型模毕竟不能完全容纳西洋历法,勾股术也不能穷尽几何学。

会通学者的思想基础是一种不实事求是的折中主义。这种折中主义的最高愿望是取中学之长和西学之优,建造一种理想的文化。但是,这种把中西文化的优点揉捏在一起的真诚理想,实现起来并不容易。在科学落后的中国这种折中主义的态度是不利于吸收先进的科学知识的。

“中西会通”说在其发展中误入歧途,是因为它同“西学中源”说和“中体西用”说结了缘。许多人同时信奉这些观点,甚至有意无意地把“西学中源”说作为前提。例如有人把利玛窦的“吻合”说解释成“西学中源”说,这是误解。“吻合”只是说中西学间的相通和契合,它不等于认定了源和流的关系。主张“中西会通”的学者一旦把“契合”和“相通”认定为源流关系,就会错误地把“西学中源”说作为“中西会通”的理论基础。如果再接受“中体西用”的以中学为本的思想,那就把“会通”引向以经学治科学的道路。

“西学中源”说是在西学且主要是西方历算明显胜于中法的形势下出现的。这是汉族儒士阶层面对满人入主和西学渗入所做出的一种文化对策。一方面匡复明室已经无望,转而以华夏文化对抗满清;另一方面西学胜于中法已明世人,又不愿甘拜下风。于是提出一个“西学中源”说,来两面抵挡。对于入主的满人来说,它可以显示华夏文化的优越性;对优胜的西学来说,它可以以“源”为荣。这的确是一个不失体面的好办法。明清之际的经学家黄宗羲(1610～1695)的言行是汉族儒士阶层这种心态的最好写照。他积极抗清,失败后遁潜家乡浙东讲研学问。他提出,中国古代的勾股术因后人失之而“使西人得以窃其传”。这是一种没有根据的猜测。而明末学者陈荩谟则更进一步毫无证据地在古籍《周髀》与徐光启、利玛窦编译的《测量法义》之间,建立起“源”和“流”的关系。

“西学中源”的观点受到统治者的重视。康熙帝在《三角形论》中提出“古人历法流传西土,彼土之人习而加精焉”,使“西学中源”说具有了“钦定”的性质。中国的最高统治者为什么要倡导“西学中源”说呢?对于满族统治者单就接受文化本身来说,本可对中学(汉文化)和西学一视同仁。但是,他还要考虑如何巩固对中国的统治。在杨光先的“历讼”案中,康熙帝一方面看到了西法胜于中学的事实;另一方面也了解了中国儒士阶层“夷夏大防”的心理状态。“西学中源”说,正可以为统治者用来改变汉族儒士阶层的“夷夏”观,使自己不被排斥在中夏之外。①

康熙帝“钦定”的“西学中源”说,首先被一些积极吸收西方科学知识的中国读书人所接受并倡导。王锡阐、梅文鼎等名闻当世的历算家们是其代表。或许是因为这种“理论”为他们学习西学提供了体面的理由。在这个意义上说,“西学中源”说有其积极作用的一方面。但是它毕竟是一种虚构。文化起源的研究已经表明,文化是多源地在地球各处独立发展起来的。“西学中源”说和欧洲人伪造的“东学西源”说一样没有根据。在“西学中源”说的论证中没有一条合格的证据,最好处也只是说到中国古典同西方科学的相通之处,例如勾股与几何学。诚然,在文化中有许多东西契合、古今相通的东西,但是契合和相通的关系并不等于源与流的关系。

① 刘钝(1989),从徐光启到李善兰,《自然辩证法通讯》,第11卷(1989),第3期,第55～63页。

由于对文化源流问题不抱科学态度，而在历史上出现许多附会。如《畴人传》第三编的作者诸可宝(1845～1923)谓西人“窃取乘除而为比例，窃取勾股而为八线，窃取四元术而为代数，窃取招差堆积而为微积分”。

“西学中源”说最坏的作用在于，它引导一些知识分子走上了以经学治科学的错误的崇古道路。对古代思想的不断追溯本无可非议。但是，古代的真理并不似埋入古墓中的铜器，只是挖出来供人欣赏。古代的真理需经现代人的不断“雕塑”方能继续放出光彩，如道尔顿(John Daton，1766～1844)把古希腊原子论改造成化学原子理论那样。但是，乾嘉考据学派在科学上并没有致力于这种创造性的工作，多是满足于肤浅的比附。

“中体西用”说的出现是中国儒士阶层对于西学“欲迎还拒”的矛盾的心理又一写照。如果说“西学中源”说是中国儒士阶层抗拒西学的第一道心理防线，那么“中体西用”说则是第二道防线。这个“理论”广为流传的社会背景是，在洋务运动中西方的科学和技术的大量引进，造成中国传统科学向世界化的科学和技术转变的不可逆转的形势，以经学治科学的道路彻底失败了。在这种形势下，中学对西学的较量，在科学本身的范围内已经无力对抗，而不得不转向更大的范围，讨论科学和技术在文化整体中的地位问题，想借助中国传统的体用观对抗西学。

“体”和“用”这对范畴[①]出现较早。在《论语》和《易传》中就已使用，但是直到唐代其意义才明确起来。唐代经学家崔憬对“体”、“用”二词给以明晰的解释。“体”指实际的形质，“用”指形质的运用。到了宋代体用成了常用的范畴，并且从崔憬的具体的意义变为比较抽象化的意义。这时，所谓体指永恒的、根本的、深微的东

---

① 张岱年(1957)，中国古代哲学中若干基本概念的起源和演变，中国哲学发微，第11～38页，山西人民出版社，1988年。

西，而所谓用指流动的、从属的、外发的东西。体是永恒的基础，用是外在的表现。这样，体用的概念，一般说来，体是根本的，第一位的；用是从生的，第二位的。

洋务派一直以“西学中源”说为自己辩护，表明他们引进西方的科学和技术并非“离经叛道”。但是，这不过是一层保护色而已，并不足以论证学习西学的必要性和迫切性。1861年翰林院编修冯桂芬(1809～1874)在其《采西学议》中，就提出“以中国之伦常名教为原本，辅以诸国富强之术”，以“调和中西”。他的这种思想被其他学者以各种类似的说法阐述。如王韬说：“形而上者中国也，以道胜；形而下者西人也，以器胜”；“器则取诸西国，道则备自当躬”(《韬园尺牍》第30页)。其后，沈毓桂(1807～1909)在1895年4月出版的《万国公报》第15期上，署名沈寿康发表《匡时策》，第一次采用“中学为体，西学为用”这个为后人广为使用的八个字。1896年管理书局大臣孙家鼐(1827～1909)在其《议复开办京师大学堂折》中，把这种思想推至教育领域，提出“立学宗旨”应是：“以中学为主，西学为辅；中学为体，西学为用；中学有未备者，以西学补之；中学失其传者，以西学还之。以中学包罗西学，不能以西学凌驾中学。”1898年，洋务派的后期代表张之洞(1837～1909)又在其《劝学篇》中作了系统阐述，并且在《两湖、经心两书院改学堂办法片》中说明，“中体西用”说“既免迂陋无用之机，亦杜离经叛道之弊”。这样“中体西用”说成了政府的一种政策口号。

“中体西用”说的本质是把西学放在中学之下，置于从属的地位。这样就从传统的“明理达用”观点满足了中国儒士阶层贬低西学的心理要求。就其剥夺守旧卫道者的某些口实来说，它起了某种掩护作用，使西学名正言顺地引进中国，对于中国科学现代化有一定的积极作用[1]。但是，在科学已经成为现代社会重要标志的时代，特别是在科学和技术方面已远远落后于西方社会的中国，这种贬低西学的"中体西用"说长远影响是消极的。它不但阻碍科学和技术在中国正常发展，而且成为尔后反对维新变法的武器。[2]

二

中国科学现代化过程中，中学对西学的最后一次抗争是"科玄论战"。中国儒士以科学不能指示人生和社会作为抵挡科学的最后防线。在这次抗争中，科学以其文化功能即科学的世界观和认识方法冲垮了这最后的一道心理防线。

"科玄论战"发生在新文化运动高潮之后的1923年。导致这场论战的导火线是梁启超的《欧游心影录》(1920)，而真正开启这一论战的却是现代哲学家梁漱溟(1893～1988)的《东西文化及其哲学》(1921年)。

梁启超于1917年脱离政界专事学术，1918年底赴欧考察，1920年春回国，写下《欧游心影录》。其中的一个论题是"科学万能之梦"，结尾处写道：

> 当时讴歌科学万能的人，满望着科学成功，黄金世界便指日出现，如今总算成了，一百年物质的进步，比从前三千年所得还加几倍，我们人类不惟没有得到幸福，倒反带来许多灾难。好像沙漠中迷路的旅人，远远望见个大黑影，拼命往前赶，以为可以靠它向导；哪知赶上几程，影子是谁？就是这位"科学先生"。欧人做了一场科学万能的大梦，到如今却叫喊起科学破产来。这便是最近思潮变迁的一个大关键了。

---

① 刁培德(1985)，"中体西用"与中国科学近代化，《科学学研究》，第3卷(1985)，第3期，第35～39页。

② 李时岳和胡滨(1988)，《从闭关到开放》，人民出版社，北京，1988年。

梁漱溟的《东西文化及其哲学》视文化为调解人类意欲与环境冲突的手段。他把文化区分为三种理想的类型，分别由西方文化、中国文化和印度文化为代表。作为第一阶段的西方文化，适应于人类自然生存尚未解决的历史阶段，意欲奋进征服环境。接下去的第二阶段是意欲自安的阶段，而第三阶段则是意欲反身后求的阶段。其结论是：中国文化在今日之失败并不是中国文化不好，而是不合时宜。梁漱溟以柏格森的生命哲学的语言和阳明哲学的精神勾画出中国文化的伦理完美。他认为中国文化属于第二阶段的文化，印度文化则属于第三阶段的文化。

1923年初，北京大学教授张君劢(1887～1969)在清华学校演讲"人生观"，提出科学不能解决人生观的问题，导致对"科学与人生观"问题的一场大讨论①。地质学家丁文江(1887～1936)遂作一篇"玄学与科学"向张君劢宣战，认为科学能解决人生观问题。由此中国学坛上展开了"科玄论战"。这场论争并不是玄学派反对科学和科学派反对玄学(哲学)，其实质在于对科学和中国传统文化的评价。玄学派否认科学的文化功能，为中国传统文化争人生观的独立地盘。而科学派则力倡将科学方法运用于人文领域，强调科学精神的社会价值②。这场争论，就其外来文化影响看，它又是西方两大哲学派别，直觉主义和实证论的争论在中国的反映。

人创造了科学，科学也创造了人。科学理论、物化的科学技术以及组织化的科学建制都对人类社会产生深刻的影响。科学是人类创造的一系列文化中最丰成果的文化。科学文化凝聚了人类的普遍追求，积淀着人类的共同精神。科学文化的批判精神具有超民族文化的特征。科学文化的这种国际性是人类整体意识的反映，是人类历史的最伟大的趋同力。

---

① 张君劢和丁文江等，《科学与人生观》，汪孟邹编，上海东亚图书馆，上海，1923年。

② 微拉·施瓦支(1958)，《中国的启蒙运动》，山西人民出版社，太原，1958年。

玄学派的迷误在于它只承认科学的技术产品的价值，否认科学的文化功能。梁启超在其《科学精神与东西文化》(1922)中力主在中国文化中添入科学文化这有力的新成分。玄学派盲目迎合西方反科学主义思潮，排斥科学文化，其思想根源是文化民族主义。他们轻信了斯本格勒《西方的没落》中的“科学民族性”的错误观点。他们的后继者，沿着这种错误的思路，妄图从科学以前的文化传统本身之中找出现代科学的基础。这种以经学治科学的“策略”只不过是一种逃避现实的心理麻醉剂。

所有这些对西方文化有意识的拒斥表现，都是基于中国儒士阶层心理深处的“民族优越意结”和“中国文化中心论”。几千年来，在中国占统治地位的见解都是以中国为坐标原点看世界，以为中国是世界的中心，自命为“天朝”，视其他民族为蛮夷。竟不知中国“中心”的世界观和“天朝”的文化观完全是由于特殊的地理条件和历史条件所形成的。其实，中国从未是世界的中心，只不过是世界几个大文明中心之一。

在公元前50万年至公元前5000年之漫长的石器时代当无中心可言。进入使用金属工具和文字以后，大约在公元前3500～前1500年，这段时期才出现了文明的中心。按巴格柏[①]这段时期有三十八个文明圈。而伊东俊太郎[②]则把它简化为十七个，其中最主要的是：西亚两河流域的美索不达尼亚文明、北非尼罗河流域的埃及文明、南亚次大陆印度河流域的印度文明和东亚黄河流域的中国文明。到大约公元前600～前400年的那段时期里，希腊人吸收了西亚和埃及的文明而崛起，与中国和印度并列形成鼎足而立的三大文明中心。其后，在公元前3世纪，马其顿王亚历山大用武力征服了希腊、埃及、小亚细亚、中亚和印度西北部广大地区，并且在他

① Philip Bagby(1958), *Culture and History*, Uni. of California Press, 1958。

② 伊东俊太郎(1974),《都市と古代文明的成立》,讲谈社,1974年。

短暂的统治期内，在这里实行文化融合政策。接着于公元前 2 世纪，罗马人统治了以地中海为中心的，地跨欧、亚、非三洲的广大地区。亚历山大的文化融合政策导致在罗马帝国长达几百年的“希腊化”时期，但是文化中心并不在希腊本土而是埃及的亚历山大里亚。与罗马帝国差不多同时，在中国是秦汉时期，在印度是阿育王朝时期。这时，这三大文明中心以及其他文明中心之间，已经开始和平外交和贸易往来。公元 395 年，统一的罗马帝国分裂为东西两个帝国。西罗马以腊万斯为首都，使用拉丁语。东罗马以拜占庭为首都，使用希腊语。西罗马只维持八十年，在西进的匈奴人、南下的日耳曼人和内部的奴隶起义共同打击下于公元 476 年毁灭，为一批日耳曼人的封建割据国家所取代。东罗马则艰难地维持到 15 世纪，1453 年君士坦丁堡被奥斯曼土耳其人攻陷，奥斯曼帝国取代了罗马帝国。这时的中国正处在明朝的统治之下。莫斯科公国在伊凡大公(1462～1505)的统治下，摆脱了对蒙古人的从属地位，为俄罗斯帝国奠定了基础。16 世纪初蒙古人在印度建立了莫卧儿帝国，结束了印度五百多年的分裂。在 15 世纪和 16 世纪，每个大的文明中心都处在大致相同的发展阶段。奥斯曼帝国、莫卧儿帝国、欧洲国体系和俄罗斯帝国的实力都同中国明朝不相上下。此后，欧洲发生了经济发展和技术创新的不可阻挡的过程。当欧洲的经济、军事、文化实力雄居世界之首，恣意扩张，发展为世界舞台的中心时，其他几个文明中心却停滞不前。

中国人对世界的这一巨变一无所知。两千年来，中国一直享受着“天朝的荣光”，中国的儒士阶层不自觉地养成了一种盲目的“中国文化中心论”心态。正是这种心态障碍了中国儒士接受西方文化。金耀基(Yao-Chi King，1935～　)在其《从传统到现代》[①]中对此有一段评论：

① 金耀基(1966)，《从传统到现代》，商务印书馆，台北，1966 年。

这种“优越意结”与“中国中心的文化主义”，当中国文化与西方文化接触后，就变成了一种“中国中心的困局”，面对着汹涌而来的西方文化，总带着半分轻蔑与半分钦佩，任何西方的新思想、新学说都不免遭到“欲迎还拒”的待遇。这是中国知识分子自觉与不自觉的一种“自卫机构”的反抗。明明是无价值的东西，虽然心理不一定喜欢，但因为它是中国的，总要找出可能的理由加以拥抱。明明是有价值的东西，虽然心理上很喜欢，但因为它是外国的，总要找出可能的理由加以拒斥。我们特别应指出的是，不管是前者的拥抱与后者的拒斥，都不必是有意识的行为，也不必是绝对的行为，同时更不必是任何个人的偏失，而是中国文化特殊条件下所塑造的心态。

但是，在长达300年的文化对抗中，随着以儒学思想为框架的传统文化功能的衰退，“中国文化中心论”毕竟不得不步步退让。在科学精神逐步取代儒学精神的过程中科学的传播发展成为一种独立的运动。

1920年来中国讲学的英国哲学家罗素(Bertrand Russell，1872～1970)回国后写了一本《中国问题》(1922年)，在其中他写道：

我相信，假如中国人对西方文明能够自由地吸收其优点，而扬弃其缺点的话，他们一定能从他们自己的传统中获得一生机的成长，一定能产生一种糅合中西文明之长的辉煌之业绩。

但这种“再造”文明的“扬弃”思想并非都能很好地理解，总有一些人对于中国传统文化的“解裂”徒然哀叹。以至到20世纪60年代，新文化运动的领袖之一胡适还得对那些为传统文化的伤亡而满怀落寞与怀慕的守旧文人进行规劝。1960年7月11日西雅图的一次学术会议上，他发表了题为《中华传统及其将来》。下面的两段话出自胡适的这篇演讲。

> 对于这些文化方面的伤亡，我们不必难过，它们的废除或解体，应该视为中国从它孤立的文明枷锁中得到解放。
>
> 新文化成分的接受，正可以使旧文化内容丰饶，增加活力，我永远不畏惧中国文明于大量废弃本身事物及大量接受外国事物后，会发生变体或趋于灭亡的危险。

"横看成岭侧成峰，远近高低各不同"，换个视角看问题就会大不相同。哥白尼的天文学革命，从物理学看只是坐标原点的改变。托勒密把原点选在地球上，日月星辰就都绕着地球转。哥白尼把坐标原点从地球移到太阳，则行星都绕着太阳转了。三百年的中西文化冲突也可以说是以中国为坐标原点还是以世界为坐标原点看世界的问题。在新文化运动以后，中国人看世界的坐标原点大体上从中国移到了世界。但是，"中国文化中心论"时有"死灰复燃"，以新形式再现。走在现代化途中的中国人要时时警惕"中国文化中心论"。

科学同儒学的分离

对于中国传统科学向现代科学过渡的问题，当代学者们持有不同看法。这些看法可以归结为四种："移植"说、"转换"说、"融合"说和"革命"说。"移植"说是最流行的看法。在前面的叙述中，我们也使用了"移植"这个词。这种看法强调了中国传统科学现代化是移植西学的结果这一特征。刁培德提出的"转换"说强调中国传统现代化是"哥白尼转换"[①]。李约瑟的"融合"说强调不

① 刁培德(1985)，"中体西用"与中国科学近代化，《科学学研究》，第3卷(1985)，第3期，第35～39页。

同文明中的传统科学世界化是一个融合的过程[①]。席文(Nathan Sivin,1931～)则把在西学影响下,中国17世纪天文学复兴看作一场有限的革命[②]。这几种看法,就其各自概括中国科学现代化某个方面的特点说,都有其合理之处。我倾向用“革命”概括中国科学现代化过程。不管对“科学革命”这个词有多少种不同的理解,“革命”这个词既可以涵盖“哥白尼转换”这种说法,又不排斥其中包含的“融合”和“移植”过程。但是,我使用“革命”这个词,其含义并不完全与席文的相同。席文限于从传统科学思想尺度,把薛凤祚(1620～1680)、王锡阐(1628～1682)、梅文鼎(1633～1724)等人在西学影响下天文学思想的改变、承认数学模式可以用来解释和预测自然现象,称作革命。我觉得可以从更广泛的背景来理解中国传统科学现代化的革命性。

科学可以理解为关于自然的系统知识,也可以理解为探究自然的方法,还可以理解为人类社会活动的一个领域。科学的这些方面的任何一个方面的根本性变革都可视为该科学的一场革命。就科学作为知识来说,任何一门科学的概念结构范式的变革都可视为该科学的一场革命。就科学作为方法来说,任何研究模式的变革都是一次革命。就科学作为活动来说,任何研究活动组织方式的根本变革都可以看作科学革命。通常说的欧洲17世纪科学革命,科学的这三个方面都发生了变革。中国以三百多年的时间并且极其艰难地走过了类似欧洲科学革命的历程。类似欧洲科学脱离神学而独立,在中国实现了科学从儒学中分离出来,并采取了欧洲17世纪产生的知识体系和研究方法。如果把这看作欧洲17世纪科学革命的一部分,它就是一种“融合”;如果从中国人的最终决策看,它就是“移植”;如果考虑到中国学者们“超胜”的初衷和“移

① 李约瑟(1985),世界科学的演进,《大自然探索》,第4卷(1985),第1期,第151～162页。

② Nathan Sivin(1982),*Chinese Scince*,5(1982),45～66.

植”的后效，更宜视它为“革命”。

中国的学术源头在春秋战国时代。那是“百家争鸣”的时代。儒、墨、道、法、名辩、阴阳等学派并存。但是，从其对后世的影响看，最主要的是儒、道两家。儒家对人感兴趣，看待自然也以社会秩序为模本；而道家则对自然感兴趣，看待社会也以自然秩序为模本。

公元前2世纪秦始皇消除封建割据，统一了中国的版图。接着，公元前1世纪，汉武帝实行“罢黜百家，独尊儒术”的政策，把儒家思想转变为国家的意识形态，使道家沦为在野的地位。从此，中国传统科学和技术就在儒学文化背景下发展了。国家的统一，特别是秦始皇统一文字、统一计量的政策，有利于科学和技术的发展。但是，汉武帝的强制性的思想统一政策，却有碍于需要“坦白和自由”的科学的发展。因此，在汉代早熟地形成了中国传统科学的特定形式。董仲舒(公元前179～公元前104)的“天人感应”论使受其影响的科学染上神秘主义的色彩。

隋唐时期，佛教文化的引进并没有改变儒学的性质，佛教文化也没有完全被儒化，而是儒与道、释互补并存。但是，到了宋代(960～1279)，在手工业和商业特别是海外贸易空前发展的社会条件下，儒学发生了变化，一方面提倡理性实学，抵制、批判隋唐兴盛起来的佛教、道教的非理性；另一方面吸收其中的自然观，形成了一种融道、释于儒学之中的新儒学。由南宋朱熹集大成的新儒学兼具对人和自然的双重兴趣，使儒学有了自然观上的根据。这种后世称之为“理学”或“道学”的新儒学，不但给儒学带来了新的生机，而且也为科学和技术的发展提供新的思想条件。“格物致知”的归纳精神，易学的演绎精神，给科学和技术注入了理性。

在宋代，中国传统科学和技术同国家的政治、经济、军事、文化更紧密地联系起来，四大发明得到广泛应用。指南针被普遍用于航海，火药被用来大量制造火器，雕版印刷的发展又导致活字印刷的发明，造纸工艺也得到改进。纺织、陶瓷、建筑、冶炼等技术有很大进步。科学理性也得到发展。一方面，数学理性的发展使中国传统数学发展到鼎盛时期，出现“大衍求一术”、“增乘开方法”、“天元术”、“垛积招差术”等领先世界的数学成果。另一方面，实验理性的发展导致出现赵友钦（1271～1335?）的光学成像实验和郭守敬（1231～1361）那样的杰出的天文仪器制造家和观象家。自然科学数理化的倾向加强了，不仅历表算法的公式化程度已相当高[①]，而且光学开始同数学结合而出现名为“格术”的几何光学尝试[②]。医学也在社会化的同时，向理论方向快步发展，导致金元时期医家争鸣的繁荣局面。达·芬奇（Leonardo da Vinci，1452～1519）式的学者也出现了。沈括（1031～1095）不但谙熟天文、地理、历算、音乐、医药，而且兼通水工、建筑等技术。他善用观察和推理，获得许多重要科学成果。如在天文方面他测得了当时的极星与天北极的角距，提出了适合农业生产的先进历法；在数学方面他首创高阶等差级数求和的“隙积术”；在物理方面，他最早发现磁偏角，最早用实验证实弦的基音与泛音的共振关系；在地学方面，他根据雁荡山的地形认识到水的侵蚀作用，根据太行山岩石中的生物化石推论华北平原的成因。所有这一切，除经济发展需求的推动外，也得助于理学所提倡的类似归纳和演绎的“为学”方法：“一者是自下面做上去，一者是自上面做下来。”[③]

但是，在宋代中国传统科学还没有形成一个各学科相互联系的整体。按席文的说法，中国有多样的科学，却没有所谓的科学[④]。在他看来，在中国古代科学家的心目中，没有一个联结的体系贯穿

---

① 陈美东(1988)，中国古代有关历表及其算法的公式化，《自然科学史研究》，第 7 卷(1988)，第 3 期，第 232～236 页。

② 王锦光和洪震环著，《中国光学史》，湖南教育出版社，第 3 章，长沙，1986 年。

③ 朱熹，《朱子语类》。

④ Nathan Sivin，Shen Kua，Charles Gillispie ed. *Dictionary of Science Biogtaphy*，New York，1975，Vol. 16.

在所有的科学之间，或者说还没有一个涵盖所有科学内容的单一的观念。天文学家在朝廷里计算历法，医生在社会上治病，道士在山中炼丹，并不感到有必要彼此发生技术上的联系，这是事实。但是，他关于古代科学家的世界观只在多元科学中流传并且很少受当时哲学深刻影响的观点，我不能苟同。事实上，正如在前面已经提到的，自汉代以后，中国科学主要是在儒学文化背景下发展的，各科学有基本一致的自然观。它主要是由阴阳、五行、气和象数概念有机结合成的宇宙生成原理。医学的五行、气运理论，天文学的宇宙论，历法的卦气说，炼丹术的月体纳甲说等都是以这种自然观为基础的。不但各科学有基本一致的自然观，而它们的存在和发展也主要受制于儒学文化的价值观。

就东西方科学比较来说，两者在知识内容上并无根本不同，但是作为其基础的自然观却是很不同的。中国的宇宙观以生成论为其特征，而西方的则是以构成论为特征。宇宙观的差别也导致科学概念体系及其数学形式的差别。适合于生成论的概念体系是功能模式和代数形式，而适合构成论的则是结构模式和几何形式。仅就数学形式来说，几何学易于发展演绎推理，而代数学则易于通过归纳发展算法程序，因而形成西方古典科学的演绎倾向和东方古典科学的归纳倾向。也正是这种科学内部的阶段性特征同社会的价值观念结合，而导致在西方科学被尊为“学”而在东方则被贬为“术”。

诚然，正如席文所说，除了历法和数学之间的紧密关系以外，其他各科学之间没有建立起紧密关系。但是，这是各文明中心传统科学的共同特点，不独中国如此。而且，尽管中国传统科学没有形成单一的科学观念和统一的体系，但是在科学知识内容上，宋代中国科学远比同期的西方科学丰富和先进。特别是宋代出现的实验与数学结合的趋势已预示科学现代化的可能性。

不幸，由于游牧民族入主中原，中国社会、经济和文化发展严重受挫。“靖康之变”(1126～1127)中之金兵劫掠毁坏了北宋的文化中心,对科学的发展造成了严重伤害。元代(1271～1368)统治者实行种族压迫,把人按种族分为四等。最贵者是蒙古人,次为色目人,而文化水平高的汉人和南宋遗民被列为第三、第四等。与此同时,他们还实行歧视知识分子的政策。元初制度规定人分十种:一官、二吏、三僧、四道、五医、六工、七猎、八民、九儒、十丐,作为知识分子的“儒”仅在乞丐之上。在这种政策下,生产和科学技术何以能发展!人们在论述科学发展时常常宋元并称。其实,元代科学技术方面的成果,主要不是统治者正确政策的结果,而是宋代科学和技术发展的“强弩之末”。元统治者对历法的关心主要是文化落后的意识形态支配的政治目标。元代治期虽然不长,但其破坏性的影响是深远的。直到明中叶,随着工场手工业和商业的繁荣,才开始了从权势社会向经济社会的过渡,科学和技术的发展才有了转机。

我们说明代中叶开始了从权势社会向经济社会的过渡,是因为,自明初改变工匠的世袭奴隶身份并采取“三十而取一”的轻商税政策以后,到这时已在江南一些地区发展出资本经济,并形成“隆万盛世”的繁荣。而且工场手工业和市民阶层已发展到产生思想和政治要求的程度。在这种情况下,儒学又发生了变化。王守仁创“知行合一”说,一方面,批判朱熹的“去人欲,存天理”的道德思想,提倡以“良知”抗“天理”;另一方面,批判他的“先知后行”观念,提倡实践精神。在万历年间(1573～1620)“王学横流天下”,以李贽(1527～1602)为代表的左派王学掀起了“解缆放船”式的思想解放运动。在明、清之际的动荡年代,金戈铁马的阶级对抗,野蛮的民族征服,自明中叶开始的资本经济被无情地摧折了。在江山易主,国破家亡的剧痛中,儒士阶层的一些优秀人物又开始修正儒学。黄宗羲(1610～1695)把王学的思想解放引向反对君主专制,顾炎武(1613～1682)把王学的实践精神引向经世致用的“实学”。

正是在明中叶至明清之交的这段历史过程中，中国社会萌发了两种不同的科学现代化趋向：传统科学社会化和引进西学。

从科学社会学的角度来说，作为个体的科学家的自由研究与作为一个社会组织的共同研究的区别是有重要意义的。科学制度化是17世纪欧洲科学革命的一个重要内容。中国传统科学制度化的尝试并不迟于欧洲。早在1568年(隆庆二年)，由安徽新安祁门人徐春甫(1520～1596)发起，在明都顺天府(今北京)成立了由46位医生参加的"一体堂宅仁医会"[①]。这个学会的成立比公认的世界最早的科学学会，1603年成立的"猞猁学社"(Academd dei Lincei)还要早35年。

虽说"宅仁医会"是单目标的，不及多目标的"猞猁学社"，但是，它毕竟是以天、算、农、医为主要内容的中国传统科学的重要部分，而且是在西方科学冲击下唯一能延续至今的传统医学研究组织。宅仁医会的宗旨是：探究医理，交流医术，心集众思，取善辅仁。其会款有22项规定：诚意、明理、格致、审证、规鉴、恒德、力学、讲学、辨脉、处方、存心、体仁、忘利、自重、法天、医学之大、戒贪鄙、恤贫、自得、知人、医箴、避晦疾。这些包括了作为医生的认识论规范、行为规范和社会关系规范。宅仁医会的成立未受西方影响，而是效仿儒学"文会"在中国这块土地上自己生长出来的、名副其实的专门科学"学会"。

宅仁医会的出现是宋代以来医学社会化的一个结果。医术在宋代已不被贬，而是被看作济世救人的"仁术"。到明代已在城市、军队和工场中广泛地设立了医疗机构。医学的内在价值和医生的自主作用已被认识。这点在当时医生的认识中有所反映。明本草学家李时珍在其《本草纲目》中把医药学称作"吾儒格物之学"。明

① 项长生(1981)，我国历史上最早的医学组织——"宅仁医会"，《中华医史杂志》，第11卷(1981)，第3期，第144～146页。

医黄碥称医学为“仁术”,“苟精之,亦足以济人,岂必官可行去乎”。儒家并不贬低科学和技术知识,而是对儒士以技术为专业一直抱怀疑态度。但上述情况足见医学已从人文知识中分化出来,成为有其独立客观标准的自主活动。

与医学类似,在明代数学也开始社会化。以算法为特征的中国传统数学并非在宋代已经发展到绝路。17世纪欧洲的情况表明,算法传统可通过无穷小算法研究达到微积分学,也可以通过把几何归结为算法而达到解析几何学①。但是,在明代的环境下,中国传统数学走向了算法社会化。珠算取代畴算适应了商业的繁荣。商人兼数学家程大位(1533～1606)的《算法统宗》(1592)“风行宇内”,习算者“莫不家藏一编”。这不但说明数学的价值得到社会的承认,而且也表明数学从人文知识中分出来,成为独立的活动。论者常把取消明算科视为朝廷对数学不重视。其实,把科学排除在文官考试课程之外,恰恰反映了由于科学活动增加以及自然与人文知识分化导致的科学专业与仕途脱离的倾向②。

自然知识和人文知识脱离的倾向也反映在技术领域。宋应星的《天工开物》并不是写给技术专家看的专门著作,而是为阐明工农业生产技术的重要性而写作的一部技术读物。他在序言中说,“丐大业文人,弃掷案头,此书与功名进取毫不相关也。”这种抱怨正是科学和技术向儒学要求独立的呼声。

中国科学现代化的另一个趋势在历法危机和西学东渐结合而导致的历法改革中展现出来。靠农民起义获取皇权的明初统治者,惧怕人民借天象预言动摇其统治,竟做出历代统治者所不曾作过的严禁民间私习历法,“习历者遣戍,造历者殊死”。一百多年以后,当孝宗皇帝决定弛禁,命征通历者时,已无应者。正是这种基

① 李文林(1986),算法、演绎倾向与数学史分期,《自然辩证法通讯》,第8卷(1986),第2期,第46～50页。

② Jonathan Porter(1982),*Isis*,Vol. 73(1982), pp. 529～544.

于落后的意识形态的“禁历”政策导致明末历法危机。

从明初颁《大统历》到万历末年的二百多年间，仅在 1449 年(正统十四年)改历一条，还不到一年就废止了。正当基督教耶稣会士把西方天文学知识带到中国，并被徐光启和李之藻等人接受之时，《大统历》的疏误已大明世人。1592 年(万历二十年)钦天监推算月食又错了一天，1610 年(万历三十八年)钦天监推算日食又误差甚大。这两次失误激起朝野对钦天监和《大统历》的批评，并议改历。

1595 年第一次有人建议改历。职方郎范守已奏疏驳误，礼官请广求知历者与监官推测讲论。于是 1611 年五官正周子愚奏请礼部改授邢云路、范守已等为京卿，启用庞迪我(Jacpues de Pantoja，1571～1618)、熊三拔(Sabbathues de Ursis，1575～1620)等教士，召翰林院检讨徐光启、南京都工部员外郎李之藻等通历法的中西学者共理历法。不久邢云路、李之藻被召入京。1613 年已改衔南京都太仆少卿的李之藻上疏，陈述台监推算日月时刻亏分误谬甚大，建议开局并荐庞迪我、熊三拔、龙华民(Nicolas Longobardi，1559～1654)、阳玛诺(Emmanuel Diaz，1574～1659)等教士参与修历。礼部姚永济也极为赞同。但因多方阻力，改历议而不决。1616 年(万历四十四年)5 月以礼部侍郎署南京都礼部尚书职的沈潅上《远夷阑入京暗门伤王化》疏参劾教士，其中包括攻击他们私习历法，其说诞妄不经，当禁。同年 7 月，徐光启上《辩学章疏》，为教士辩护，才导致沈疏搁置，但沈不甘休，又连上二疏，终于导致“南京教案”发生，改历议亦遂而断。1621 年(天启元年)邢云路再上改历疏，例举《大统》授时疏弊和西法之周密。奏章下礼部复议而未决。1629 年(崇祯二年)台监推日食失误，于是改历议复起，遂礼部侍郎徐光启受命督领修历。经中西学者七年的努力，终于 1635 年编成一百三十七卷的《崇祯历书》。

编写《崇祯历书》是一次有组织、有计划的科学引进，与此前万历年间某些学者出于好奇心而习西学大不相同。而且所引进的西学内容已越出亚里士多德－托勒密体系，而是反映着当时欧洲正在进行着的科学革命的、精度高的第谷体系①。《崇祯历书》的整个计划是由徐光启制定的。他的意图反映在收入该历书中的他的著作《历书总目表》中。他提出"欲求超胜,必先会通,会通之前,必须翻译,翻译既有端绪,然后令甄明《大统》,深明法意者参详考定,熔彼之材质,入《大统》之型模"的指导思想制定了按法原、法数、法算、法器和会通分项,按日躔、恒星、月离、日月交会、五纬星和五星凌犯编历的计划。因为熟悉中法的朱载堉、邢云路、范守已等多已过世,"入《大统》之型模"的工作难以进行②,"会通"主要体现在正朔闰月从中,完气整度从西,中西度量换算。《崇祯历书》并没有达到"超胜"的目标,本质上,它几乎完全是一部西法历书。它采用了几何模型方法,引进了明确的地圆概念和经纬度,使用了球面和平面三角学的计算方法。

在《崇祯历书》的编写过程中充满了中西方法的争论。徐光启收在该历书中的《学历小辩》反映了这方面的内容,其中有他同中法学者冷守中、魏文魁学习辩论的情况,还有当时钦天监官生的态度。钦天监官生周胤等十人联名发表了一个声明,其中一段反映他们是如何逐步接受西法的:

> 向者己巳之岁〔1629 年〕,部议兼用西法,余辈亦心疑之。迨成书数百万言,读之井井,各有条理,然犹疑信半也。久之,与测日食者一、月食者再,见其方位时刻分秒无不吻合,乃始中心折服。

徐光启眼光远大。他的目标不限于修历,而且还设想"度数旁通十事",试图按现代科学的方法,相互联系地发展各科学学科。这实际上是中国科学现代化的第一个"规划"。

以上两种不同的趋向显示的中国科学现代化的这一好势头,

---

① 桥木敬造(1981),崇祯历书の成立と科学革命,《关西大学社会学纪要》,1981 年,第 12～20 页。

② 陈遵妫(1980),《中国古代天文学》,第一册,第 2443 页,上海人民出版社,上海,1980 年。

很快就被明清政权交替的大势摧折。当 1643 年(崇祯十六年)崇祯皇帝决意颁行这部新历法时,腐败的明政权在农民起义和满族进犯的双重打击下已经危在旦夕,不及颁行而亡。清初的统治者,为了通过控制意识形态巩固其凭借武力夺取的政权,一方面一接替明政权就以《时宪历》名颁行明廷未及颁的这部新历法;另一方面又大兴文字狱。前者固然在客观上有利于西学示范作用,但后者却把读书人逼到较为安全的古典考据领域。正当欧洲迅速现代化的时候,清政府自雍政帝始又实行"闭关自守",把中国和世界隔绝。中国的学者在失去借鉴的条件下自己摸索。

清初,1645 年,朝廷颁布的以西法为基础的《时宪历》,对于中国儒士阶层是一个很大的刺激。在这些习惯"用夏变夷"思想的人看来,这是"用夷变夏"。于是,出于民族自尊心,一些学者几乎在科学现代化的同一起点上,开始同欧洲"赛跑"。参赛的儒士本打算通过"会通"达到"超胜"的目的。其结果在近二百年的几代人的接力赛中失败了。但是,这种同欧洲人的"赛跑"并不是毫无意义的。它的直接结果是改变了中国传统天文学的方法,从代数体系转变为几何体系;其间接的效果是证明,在西方科学迅速现代化并波及中国的形势下,沿着中国传统科学的方向实现现代化已无可能,其推论必然是走移植西学的道路。在科学社会学的意义上,这无疑是一场革命。

中国科学技术现代化必须走移植西学的道路这一认识,的确同儒士们在这次"赛跑"的试错经验有关。为通过"会通"达到"超胜","会通"学者们对中国传统科学和由传教士传入的西学都做了极为认真的分析和研究。

"会通"学者们首先,而且主要是在天文学和数学领域,只是到了后来才有朱沛文(19 世纪中)、唐海宗(1846～1897)、张锡纯(1899～1988)等人在医学领域的中西"会通"努力。

早在《崇祯历书》成书之前,李之藻与利玛窦合译的《同文算指》(1613)中就比较了中西算法，作了某种“糅合”，且得到徐光启的赞誉。在其《浑盖通宪图说》中，他在介绍西法星盘的原理及使用方法时，也试图“会通一二，以遵中法”。但是他甚至没有达到某些枝节性的独创。《崇祯历书》出版之后，“会通”有所进步。薛凤祚经三十余年写成的《历学会通》(1644)力图把中国、欧洲和阿拉伯天文学计算方法统一起来，也主要是把西法的六十进制改为十进制以适应中国人的习惯。而王锡阐和梅文鼎等人，才是在深入研究中西天文学的基础上，有所前进的第一批学者。

王锡阐是最早一批兼通中西天文历法的中国学者之一。在对中西天文历法深入研究和自己的天文观测实践的基础上，他完成了自己的主要著作《晓庵新法》(1663)和《五星行度释》(1673)。王锡阐在他的著作中评论了以《西洋新法历书》为代表的西法和以《大统历》为代表的中法各自的缺点，综合二者的优点糅合成自己的体系。在《晓庵新法》中他提出日月食初亏、复圆方位角的计算方法，独立发明金星和水星凌日的计算方法，精化月掩行星和五星凌犯初终时刻的计算方法。在《五星行度释》中，他根据《西洋新法历书》中的只言片语并对开普勒(Johnnes Kepler，1571～1630)的行星运动机制的磁引力类比作了进一步的研究①。他把“太阳于诸星有如磁石于铁，不得不顺其行”这一简单的说法发挥成“历周最高、卑之原，盖因宗动天总挈诸曜，为斡旋之主，其气与七政相摄，如磁之于针。某星至某处，则向之而升，离某处，则违之而降”。这里他用中国传统特色的“其气与七政相摄”把开普勒的类比具体化为“气”。这可能是来自邢云路《古今律历考》(1608)中的“星月之来往，皆太阳一气之牵系”这一说法的影响。

梅文鼎的成绩比王锡阐更大。在天文学方面，他最早用几何学

① 江晓原(1987)，开普勒天体引力思想在中国，《自然科学史研究》，第6卷(1987)，第2期，第164～169页。

方法研究《授时历》和《大统历》。他不但在“会通”中西历法上做了大量工作,而且他还提出一个折中托勒密(Ptolemaios,活跃在公元2世纪)和第谷的体系,把前者视为具有物理内容的真实体系,而后者只是前者的一种视像。他的托勒密体系物理化所借助的是类似王锡阐的“气引”说。对球面天文学,他研究赤、黄、地平三种坐标转换问题,在各种西学有关知识的启发下,提出一套“三极通机术”,它比托勒密的“曷捺楞马”(Analemma)法更简便实用[①]。在数学方面,他前期研究的主要成果《中西算学通》(1680),几乎涉及初等数学各个分支。其中《几何通解》卷主要用中国的勾股定理证明《几何原本》中的许多命题。在立体几何尚未传入的情况下,他自己独自研究出许多立体几何的性质和算法,这些被收在《几何补编》中。

清前期的“会通”在清中期西学断源的情况下转为“复古”。晚明学者顾炎武和黄宗羲等人开辟的考据学,在乾隆、嘉靖的百余年间成为学术界的主导趋势,并形成考据学派。在这种考据学研究中,一批专门的科技文献和包含科技内容的古典也被校注、辨伪、辑佚[②]。由于李潢(1746~1812)、阮元(1764~1849)等人提倡治秦九韶(1202~1261)和李冶(1192~1279)之学,一时算家竟以疏通开方旧术,复兴宋元算家为事。各种算学注疏除少数有所创新外,大多期于阐发古法之精[③]。焦循(1763~1820)、汪莱(1768~1813)和李锐(1768~1817)等少数算学家表现了他们的创造性,在走向抽象化方面有所贡献。焦循在其《加减乘除释》中以字符代具体数字对四则运算基本定理进行了讨论。汪莱在方程论、组合学方面的创造性研究也具相当的抽象度。李锐研究符号法则,把中国古

① 刘钝(1986),托勒密的“曷捺楞马”与梅文鼎的“三极通机”术,《自然科学史研究》,第5卷(1986),第1期,第68~75页。

② 杜石然等编著(1984),《中国科学技术史稿》,下册,第9章,第7节“乾嘉学派对科学技术发展的影响”,科学出版社,北京,1984年。

③ 钱宝宗(1936),汪莱《衡齐算学》评述,《国立浙江大学科学报告》,第2卷(1936),第1期,第1~24页。

代方程论的题解模式推向一般方程理论。[①]

清前期的百年“会通”既未“超胜”,清中期的百年“复古”亦未“过人”。以这种方式同欧洲人“赛跑”的结果是,中国被欧洲远远抛在后面。在这二百年里,欧洲完成了从权势社会向经济社会的转变。在科学方面,不但实现了以牛顿的《自然哲学的数学原理》(1687)为标志的现代科学革命,而且又走向了科学现代化的进程。在技术方面,不但实现蒸汽动力的革命,而且又开始了电力革命。权势社会和经济社会相比的落后性在鸦片战争中尖锐地显露出来,只是从中国被动挨打的局面,就足以使洋务派官员置儒士心态予不顾,决心采用“拿来主义”,移植西方的科技器物文明。

洋务运动中设备和技术大规模引进,同清前期的在宫廷范围内的科学引进大不相同,它起到对中国广大的社会各阶层的西方现代化科学和技术的示范作用。造成中国必须移植西方先进的科学技术不可逆转的形势。同时,为洋务科技事业服务的学者也开始以专业知识进入社会角色。随着戊戌变法和辛亥革命,以仕途为目标的儒士转变为以专业为目标的知识分子;同儒学藕断丝连的“格致”学转变为科学。进而,通过人文学与科学的辩论,科学作为文化的功能也开始被认识。从而中国传统科学被融合于世界化的现代科学之中。

英国伦敦布道会的墨海书馆、江南机械制造局的译书馆(1871～1905)、京师同文馆的算学馆(1868～1900)是中国科技专家角色化的最初孕育地。李善兰(1811～1882)1852 年进墨海书馆,1862 年被聘为曾国藩(1811～1872)的幕僚,1868 年又被诏到京师同文馆任教习,1865 年受李鸿章(1820～1901)资助出版了他的译著《重学》,1867 年又受曾国藩资助出版了他的数学著作《则古昔斋算

① 刘钝(1989),李锐与笛卡儿符号法则,《自然科学史研究》,第 8 卷(1989),第 2 期,第 127～137页。

学》。华蘅芳(1833～1902)、徐寿(1818～1884)、徐建寅(1845～1901)等学者也受聘江南机械制造局。由于主持墨海书馆的教士伟烈亚力(Alexander Wylie，1815～1887)、江南机械制造局译书馆多年任翻译的傅兰雅(John Freer，1839～1928)、京师同文馆任总教习的美国教士丁韪良(Willinm A. Martin，1827～1916)、教会大学倡导者美国教士狄考文(Calvin W. Mateer，1836～1908)等人的影响和帮助、合作，以李善兰为代表的一批学者成为脱离传统而倾心西学且著述丰硕的第一批过渡型的科学家。李善兰在1845年写作《四元解》时持"西学中源"观点，1852年与西人接触后眼界大开，再版该书时断然删去了这种自欺欺人的说法。这典型地表现了一代学子的"过渡"性。

科学与儒学的最终脱离主要是由海外归来的学子们具体实现的。他们建学会、出学刊、教科学，成为中国科学事业的奠基人。必须承认，美国退还部分庚子赔款1908年办留美清华学校和1924年建中华文化教育基金，以及美国洛克菲勒基金会中华医药董事会对医学和基础科学的巨大资助，对中国科学事业所做出的努力是功不可没的。

第2章

从欧美到苏联的模式转变

上一章着重从思想文化方面论述了中国现代科学技术启蒙，这第二章将转向中国现代科技体制的形成问题。由于国际环境和国内的政治格局以及工业经济结构等其他约束条件，中国现代科学技术体制的形成期经历了从中央研究院创设到中国科学院建立学部约二十年的时间。在中国科技体制形成期，国际环境是日、美、苏争夺中国，而国内政治格局是国共两党竞争。这些因素的相互作用造成了中国社会的三个明显不同的阶段和科技体制的三种不同的形态。第一阶段是国民党掌权，在其不稳定的统一的十年间，现代科学技术得以在中国立足，并形成欧美模式的科技体制的雏形。第二阶段是抗日战争和国共两党内战时期，无情的战火中断了中国科技事业的正常发展。在中国的大地上，科学技术在战神的摆布下畸形地生长，国统区的欧美模式、解放区的苏联模式和日占区的殖民模式各不相同。第三阶段是国民党偏寓海岛台湾，共产党在大陆取得胜利，中华人民共和国成立，科技体制的欧美模式转变为苏联模式，完成了中国科学技术事业的奠基。

“为科学而科学”的思想在中国从来没有地位。因为中国人真正认识现代科学技术，是从殖民主义的坚船利炮开始的。发展科学技术始终作为摆脱中华民族的屈辱并重争世界大国地位的手段之一。中国的科学技术事业比任何国家都更为国际环境和国内政治格局所制约。

模式转变的政治背景

1850 年代中期至 1950 年代中期，这一百年间就中外关系方面说，是殖民与反殖民的斗争历史。因鸦片战争失败而签订的南京条约标志着中国半殖民地化的开始，而抗日战争胜利后中国成为联合国常任理事国象征着半殖民地化的终结。洋务运动无疑是清政府反殖民地化的第一次有历史意义的重大努力。但是，由于中日甲午战争(1894～1895)的失败，这种努力被看作是失败的。于是又接着发生了流产的百日维新和失败的义和团运动。这二者所显示的中国人民反殖民化的决心和力量，对中国的困境多少有所改变。一方面，国际帝国主义不得不放弃武力征服中国的野心，转而采取在形势上保存中国行政完整的殖民政策；另一方面，清政府也被迫"力行实政"。共和政体的建立、抗日战争的胜利、社会主义制度的确立，这三件伟大的历史事件的成功，终于使中国从殖民枷锁中摆脱出来。而中国的现代科学技术事业是中国反殖民化斗争的一个重要部分。

虽然早在明清之际，徐光启领导的历法改革就采用了西方现代天文学和数学知识，但是由政府推动的有目的的现代科学技术事业则是伴随着兴办洋务工业而开始的。洋务运动期间，在洋务派官员主持下，以官办和官督商办的形式，兴办了五十多个现代工矿企业。总资本约为 2800 万银两，与同期外国人在中国办的百余家工厂的资本相当。这些洋务工业以军事工业为主并且是官僚资本垄断性的，伴随洋务工业而生的纯商办的民族资本的工矿业微乎其微。两者固然性质不同但都不失为反殖民化的一种努力。洋务工业在中国现代科技史上的重要意义在于，它对中国发展现代科学技术起了一种示范作用。正是由于这些现代工业的兴办，中国人才有条件仿制成第一台蒸汽机（1862）、第一艘机动轮船（1865）、第一辆蒸汽机车（1881）、第一批工作机。伴随着这些现代工业的兴办，还开创了现代科技教育和现代出版事业。洋务运动期间，清政府除为外交需要办外语学校和为强兵而设的现代军事学堂以外，还兴办了机械、电气、铁路、测绘等实业学校十多所，官派出国留学生和实习生近二百名。以同文馆和江南制造局译书馆为中心的出版事业取代了教士们在这个领域的工作。中国自己的科学和技术专家也开始出现。

甲午战争以后，资本输出逐渐成为掠夺中国人民的主要形式，外国资本家纷纷在中国设厂。战争的消耗和赔款使清政府无力再垄断，遂提倡和奖励私人资本办工业。1898 年颁布了《振兴工艺给奖章规》，1903 年又公布了《奖励公司章程》，给私人资本经济以合法的地位。于是，在 1895～1898 年和 1905～1908 年出现两次设厂高潮。到 1911 年，中国的现代工业资本约达 13 亿银元，使用机器的行业率也达到 90%以上，并已呈现在全国意义上改变传统经济结构的趋向。特别值得注意的是，在这期间，中国修建了近万公里的铁路。虽然由于贷款和合管 90%以上被外国人控制，但是这些“工业大动脉”毕竟为尔后的中国工业经济的发展奠定了基础。正是在这期间由中国工程师主持修建了第一条铁路——京张路和第一座铁路桥——滦河大桥。同时通过 1902 年、1903 年颁布学堂章程和 1905 年废科举等教育改革，又给予西学以合法的地位。于是学校教育迅速发展。到 1911 年大专院校已达 100 余所，在校学生 4 万余人，数万人出国留学，形成留学高潮。1908 年光绪帝钦定《宪法大纲》给臣民集会结社的自由，又使学会迅速发展，到清末一度发展到六百多个。虽然这些学会大多是会党性的，但其中也有少量科学技术学会，如算学会、农学会、测量学会、医学会、地理学会等。一批非官方经营的出版商也适时而出，至今仍在的商务印书馆（1897年创立）和中华书局（1911年创立）就是在这个时期诞生的。

一

孙中山（1866～1925）领导的资产阶级民主革命，经受10次失败，1911年10月10日在武昌起义成功，建立了中华民国。辛亥革命后的南京临时政府颁布了一系列的保护工商业的政策和法令，各种实业团体相继出现，如“中华民国工业建设会”、“中华实业团”以及各省的实业协会。但是由于中国资产阶级力量薄弱，军阀纷起争夺政权。军阀混战无疑对民族工业的发展极为不利，但北洋历届政府还是先后颁布了《奖励工艺品章程》、《工商保息法》和《商法》以及各种法的实行细则。其时恰逢第一次世界大战之期，欧洲各帝国主义忙于战争之争夺，无暇顾及中国，中国的民族工业有了喘息之机。尽管1921～1928年帝国主义卷土重来，使刚刚发展起来的民族工业又陷逆境，但是正是在这期间中国民族资产阶级取代了买办资产阶级，数百万工人形成一个具有政治觉悟的阶级，游离出儒士阶层的知识分子开始形成专业群体。就现代科学技术事业说，辛亥革命到南京国民政府成立期间，最重要的进展是一批科学技术学会的成立和几个研究机构的设立。著名的学会有1912年在广州成立的中华工程师学会、1915年在美国成立的中国科学社、1916年在日本成立的丙辰学社；而研究机构则只有1916年成立的中央地质学研究所、1922年成立的中国科学社生物研究所和1923年成立的黄海化学工业研究所。这表明现代科学体制化已经萌芽，但大多非政府之功。科学技术真正体制化的发展时期，在中国是从中央研究院成立开始的。

作为国家最高学术机构中央研究院的设立，是以结束军阀混战、实现国家的稳定为条件的。1912年孙中山辞去临时大总统职务后，宋教仁(1882～1913)把同盟会与统一共和党、国民共进会等五派系团体合组为一个公开的政党——国民党。翌年宋教仁被袁世凯的人刺杀，遂国民党解散，直到1919年才重建。1921年共产党成立，翌年参加第三共产国际。共产国际把孙中山的革命视为“偏师”，而孙中山也正需要苏联的援助。1923年1月26日孙中山与苏联政府代表约飞(Адольф Абрамович Иоффе，1883～1927)签订了《孙文约飞宣言》。1923年6月共产党第三次代表大会决定同国民党合作。同年底蒋介石去苏联考察3个月。1924年1月中国国民党第一次代表大会宣布了联俄、联共、扶助农工的三大政策。共产党员以个人身份参加国民党，开始了第一次国共合作。这次国共合作为北伐的胜利创造了政治条件。1926年3月共产国际把国民党作为同情党吸收，蒋介石成为共产国际主席团的“名誉委员”。1926年3月20日蒋介石制造中山舰事件，开始反共行动，监视、软禁国民政府陆军军官学校中的中国共产党的干部。陈独秀主张退出国民党又受到共产国际和斯大林的严辞批评。1927年4月蒋介石在南京建立起一党专政的国民党政府，共产党被置于非法地位。1928年6月北京被攻下并改名为北平，11月张学良的东北军也归顺南京政府，从而完成全中国名义上的统一，实现了不稳定的和平。

名义上的统一和不稳定的和平以及英美两国政府的谅解，多少改善了争取民族独立的环境。国民政府着手收回治外法权，恢复关税自主权，废除不平等条约。到1930年除英、美、法、日以外，其他国家在中国的治外法权被收回，关税自主也基本实现。到1937年三十三个外国租界减到十三个，大部分重归中国主权。在日本帝国主义发动全面侵华战争之前的这十年间，许多发展中国经济文化事业的方案被提出。

早在1919年孙中山就著《实业计划》，提倡兴办工业、引进外资和技术。南京政府成立后，1928年国家建设委员会成立并颁布了

《奖励工业品暂行条例》，1929 年设中央农业推广委员会，1932 年公布《奖励工业技术暂行条例》。1933 年设立全国经济委员会作为顾问机构协调各种经济发展计划。1935 年把国防设计委员会改组为资源委员会，专事重工业的筹划，翌年拟定了《重工业建设五年计划》。在教育和文化方面也做出了种种努力。中央研究院(1928)、北平研究院(1929)、中央工业试验所(1930)、中央农业试验所(1931)等研究机构相继建立。通过《大学组织法》(1929)、《大学规程》(1929)和《学位授予法》(1935)等措施，特别是政府"提倡理工，限制文法"的政策，使科学技术教育有很大进步。

由于民初时期出国留学生的归国，许多高等学校不必再聘用那些蹩脚的外籍教师。中国最早设立的国立北京大学、由东南大学改组的中央大学以及由留美预备学校新升格的清华大学，在学术水平上超过了教会大学。这些国立大学，在校舍建筑、学生人数诸方面都使教会大学相形见绌。当代中国科学界的名流 877 人、其中 1/3 毕业于这三所学校[①]。北京大学的变化，可作为这一时期教学进步的一个具体的事例[②]。北京大学的前身是京师大学堂，它作为戊戌变法的产物于 1898 年 7 月 4 日为光绪皇帝正式批准成立。同年 9 月 21 日慈禧"训政"，维新派的诸改革一时几乎尽废，唯京师大学堂以"萌芽早，不得废"，继续筹办。1902 年张百熙任管学大臣，8 月主持制定了《钦定学堂章程》。这是我国第一套从小学到大学的完整学制。其中为大学堂规定的方针为"激发忠爱，开通智慧，振兴实业"。大学堂分预科、分科和大学院三级。规定分科大学分政法、文学、格致、农业、工艺、商务、医术 7 科。其中格致科下分天文学、地质学、高等算学、化学、物理学、动植物学六目。这种学科分类基本上被延续下来。1903 年 6 月修订的《奏定学堂章程》改目为门。1910 年 3 月分科大

---

① 李佩珊(1989)，1949 年以后归国留学生在中国科学、技术发展中的地位和作用，《自然辩证法通讯》，第 11 卷(1989)，第 4 期，第 26～34 页。

② 萧超然、沙健孙、周承恩和梁柱(1981)，《北京大学校史》，上海教育出版社，上海，1981 年。

学才正式开学，当时格致科只有地质和化学两门。1912 年 2 月严复(1854～1921)被任命为总监督，5 月改京师大学堂为北京大学。关于北京大学的程度，严复认为不能与欧美大学同日而语，并说“程度何常之有，吾欲高之，终有自高之一日”。10 月公布“大学令”，格致科改为理科。本来理工科一共只有 58 人，因害怕革命多逃而不归，理科剩 4 人，工科剩 14 人。1913 年暑假，理科招物理和化学各一班，工科招土木、采矿、冶金各一班。1916 年 12 月 26 日蔡元培(1868～1940)被任命为北京大学校长。他实行“兼容并包”的方针，把北京大学改革一新，使它成为新文化运动和“五四”运动的策源地。中国共产党的创始人陈独秀(文科学长)、李大钊(图书馆教授)、刘仁静(文科学生)、张国焘(理科学生)、罗章龙(文科学生)等出自这时的北京大学。蔡元培主持的北京大学，停办工商，扩充文理，改门为系，增设研究所。理科有数学、物理、化学、地质、生物五个系和地质研究所。蔡元培新聘北京大学的教师年轻有为，中央研究院第一届评议会(1935)评议员约五分之一是这一时期北京大学的教授。蒋梦麟任北京大学校长(1930～1945)，按美国大学的模式，对北京大学的教学和研究制度进行改造，推行“教授治学、学生求学、职工治事、校长治校”的方针，整顿教师队伍。通过聘一批留美学者为专任教授，与中华教育文化基金会合作设立研究教授席，特聘曾在北大任教的著名学者为名誉教授，招收研究生(1931)，建立研究院(1932)等措施，使北京大学的教学和科学研究水平大为提高。当时北京大学专任教授、研究教授和名誉教授在中央研究院第一届(1935)和第二届(1940)评议委员会中都约占三分之一。

1928 年 6 月中央研究院的建立是中国现代科学技术事业进入体制化发展的标志。早在 1912 年，作为总统高级顾问的马相伯(1840

～1939)就与章太炎、梁启超联名上书袁世凯[①]，建议仿法兰西研究院设“函夏考文苑”。虽经“允准在案”，但各处皆口惠而实不至，终未成功。1924 年冬冯玉祥发动北京政变，电请孙中山北上共商大计。孙中山离广州北上之时，主张召开国民会议并拟创设中央学术院为全国最高学术机构，遂命汪兆铭、杨铨、黄昌穀三人起草学术计划，由于孙先生 1925 年 3 月逝世及此后忙于北伐而无人实施[②]。政府筹办中央学术机构十数年不果，到 1916 年北洋政府工商部才建立了一个地质调查所。而日本人则从 1908 年起就在东北“满铁”系统建立了中央试验所、铁道技术研究所、卫生研究所、气象观测所等研究机构。我国学人可以在民初十多年内建立起四十多个学会，各大学可建立各种科学系，但建立研究所就不那么容易了。在中央研究院成立之前中国的研究机构寥寥无几。1920 年北京大学设地质研究所，1922 年中国科学社设生物研究所，1923 年久大精盐公司设黄海化学工业研究社，1926 年国立交通大学设工业研究所，1927 年由十四个文化团体和机关联合成立西北科学考察团。中央研究院设立后，翌年国立北平研究院成立，这一南(南京)一北(北平)的两个国家研究院共设立了二十个专业研究所。隶属中央研究院的有物理研究所(1928)、化学研究所(1928)、工学研究所(1928)、天文研究所(1928)、气象研究所(1928)、地质研究所(1928)、历史语言研究所(1928)、社会研究所(1928)、心理研究所(1929)、动植物研究所(1934)、数学研究所(1941)、动物研究所(1944)、植物研究所(1944)。隶属北平研究院的有物理研究所(1929)、化学研究所(1929)、动物研究所(1929)、植物研究所(1929)、史学研究所(1929)、镭学研究所(1932)、生物研究所(1932)、药物研究所(1932)。中央研究院既作为实行科学研究

① 樊洪业(1989)，马相伯与函夏考文苑，《中国科技史料》，第 10 卷(1989)，第 4 期，第 39～42 页。

② 林文照(1988)，中央研究院的筹办经过，《中国科技史料》，第 9 卷(1988)，第 2 期，第 70～73 页。

的机构，又作为指导、联络、奖励学术研究的组织，大大推动了中国科学事业的发展。各高等院校和产业、卫生部门相继办起各种研究所。在1949年中国科学院成立之前，中国已经有一百九十多个研究机构，涵盖现代科学各个基础学科。可以说通过30年代的发展，现代科学已经在中国立足。

但是，各学科的发展是不平衡的，地质学、生物学和人类考古学发展较早且成绩较大，而作为现代科学基础的数理化则成绩甚微。这是因为后者需工业支持。国民政府时期的工业主要在上海、天津及沿长江几个口岸发展了一些纺织和轻工业，《重工业建设五年计划》因抗日战争暴发未及实行，蒋介石(1887～1975)在其《中国经济理论》(1943)中提出十年工业计划因没有改造社会的前提而不过是乌托邦式的幻想。虽然到1936年纺织行业分布率约达75%，几乎遍及全国，而机械制造业则很少，区域化极为缓慢。直到1949年，我国的区域工业分布体系和产业合理布局还未形成，从这个意义上讲，被誉为中国现代工业第一个高峰的1930年代，我国工业化水平相当低下[①]。连美国历史学家费正清(John King Fairbank，1907～1991)都认为国民政府时期中国的经济仍然是具有"半殖民地"特征的商业经济[②]。当时在延安的共产党人，自然科学研究院院长徐特立就曾对中国的科学事业做出评论。他指出，由于中国民族工业不够发展，以至于那些依靠工业发展作为直接基础的力学、物理学、化学和数学落后于不直接依靠工业的生物学、地质学和考古学[③]。发展科学的工业基础问题，在中华人民共和国成立之后，以社会改造为前提，通过发展国民经济的第一个五年计

① 董孟雄和汪戎(1991)，鸦片战争后中国区域经济的近代化历程初探，《鸦片战争与中国现代化》，第139～152页，张海峰等主编，中国社会出版社，北京，1991年。

② John King Fairbank(1958)，*The United Stes and China*，Harverd Universty Press，1958.

③ 徐特立(1940)，怎样进行自然科学的研究，《中国文化》，第2卷，第4期，1940年12月25日。

划，才得以初步建立。

但是，这并不是说，中国在地质学、生物学和考古学方面的成绩意义不大。适应国家条件而发展起来的“本土性”科学，不仅对中国的需要有直接的意义，而且也具有世界意义。幅员广大的中国，对其地质、资源、动植物种类和分布以及气象演变的研究，是了解全球不可缺少的部分，在这个意义上，中国科学家这方面的成就，诸如，中国地质图、中国植物图谱、水杉的发现、龙骨的发现、北京猿人的发现、中国科学遗产的整理，都具有世界意义。此外，在国外研修的中国科学家还利用外国的实验设备独立或合作完成了一些当时科学前沿的重要工作，就物理学来说，有叶企孙（1898～1977）测定普朗克常数（1921年）、吴有训（1897～1977）验证明康普顿散射理论实验（1924年）、赵忠尧（1902～）的正负电子对产生和湮没现象早期实验（1930年）、钱三强（1913～1992）和何泽慧（1914～）发现核三分裂（1946年）、张文裕（1910～）发现μ原子（1949年）；在理论研究方面，在国内或国外完成的重要工作有，吴大猷（1907～2000）预言铀元素系的（1933年）、王淦昌（1907～1998）提出检验中微子存在的实验方案（1941年）、黄昆（1919～2005）提出固体中的杂质缺陷会导致X光的漫散射理论（1947年）。

二

抗日战争时期是中国人民最苦难的时期。日本妄图灭亡中华民族，起初美国摆出一副“中立”的面孔，背后却向中日双方提供大量的军火和物资，无疑有从中渔利之嫌。抗日战争之初苏联援助中国抗日，可是到1941年又转而同日本签订互不侵犯条约。太平洋战争爆发后美国向中国提供的贷款，1945年苏联出击日关东军，无疑对中国的抗日战争的胜利有所补益，但是他们都怀有战后控制中国的企图。若没有中国人民自己艰苦奋战，在美苏两国掂量他们的民族私利之时，中国就将亡于日本帝国主义手下。中华民族争取民族独立之最后决战的胜利，主要是以自己的2100万生灵和600亿元直接经济损失的代价争得的。

中国的科学技术事业的发展，一方面由于日本的侵略而遭受严重损害，另一方面侵略与反侵略的战争又造成在正常情况下难以一时达到的特殊效果。这主要指如下三方面。第一，战争期间国民政府偏寓重庆，部分工业设施和文化机构内迁西南和西北地区，迅速改变了中国的工业和文化设施的分布。第二，中国共产党在陕北建立的抗日民主政权初步实行了马克思主义的科学技术政策。第三，日本侵略者出于侵略战争的需要和永久霸占的考虑，在中国东北地区发展了较为完善的工业体系和科学文化设施。

日本自1931年以来就霸占了中国东北，1937年7月7日又制造卢沟桥事变，发动了全面侵华战争。7月底平、津沦陷，11月上海失守。日军以这两地为据点沿铁路线四出进犯，到1938年10月27日武汉三镇陷落，日军已侵吞了包括华北、华东、华中广大地区的大半个中国。中国工业的70％在沿海各省市，其中包括纺织业的70％，面粉业的62％，火柴业的53％，化学工业的100％，在抗日战争的头几个月这些地区就先后被日军占领。这里的工业不是被炮火毁坏、就是被日本夺占。仅上海就有2270家，价值8亿元的工业被毁坏。长江三角洲一带工厂设备损失50％，武汉三镇损失12％。

日本全面侵华战争爆发后，1937年10月20日国民政府宣布临时迁都重庆，并组织重要的工厂和科学文化设施内迁。据记载，内迁的工厂共447家，其中包括冶炼厂1家，机械厂181家，电器厂25家，化工厂60家，纺织厂98家，其他12家。这些内迁厂有245家迁入四川，121家迁入湖南，25家迁入广西，42家迁入陕西，14家迁入贵州和云南等省。国民政府通过军事委员会所属的国家资源委员会和经济部的工矿调整委员会，根据抗战需要调整和新设许多工矿企业。

1938 年 10 月 6 日公布的《非常时期农矿工商管理条例》规定，战时需要的矿业、军用品工业和电气业，分别收归政府办理或由政府投资合办，生活日用品工业根据需要经济部可随时决定直接经营。这样一来，私营资本工业被迅速国有化。到 1945 年底，资源委员会直接支配 125 个企业，兵工署所属工厂 30 多个，交通部公路总局所属 40 多家。国营比重超过私营。由于内迁和新建，西南地区一时成为工业中心。抗战前川、湘、桂、陕、黔、滇、甘七省，工厂总数占全国的 6.3%，资本总额占全国的 4.4%，工人总数占全国的 7.3%；抗战期间则分别变为国统区的 88.6%、93.5%、85.6%。

由于文化和科学设施的内迁，重庆、昆明、成都等西南城市成为战时科学文化中心。在重庆除原有的重庆大学，增加了内迁的中央研究院、中央工业试验所、中央农业试验所、中央医学研究所、中央地质调查所、中央大学、中央工业专科学校、中央医院、中国科学社、上海医学院等。在昆明除原有的云南大学，增加了由北京大学、清华大学和南开大学组成的西南联合大学，中央研究院和北平研究院的部分研究所，教育部的药物研究所，中央机器厂等。在成都除原有的华西协和大学和四川大学，又增加了内迁的燕京大学、齐鲁大学、金陵女子大学、武汉大学、同济大学、黄海化学工业研究社等。在西北有北平大学、北洋工学院和北平师范大学组成的西北联合大学，在贵州有内迁的浙江大学等。中国的科学家和教授们一方面为抗日的胜利发展应用研究和改进蒸汽机、内燃机等动力机器，提高机床等工具的精度，勘探发现了玉门油田等；另一方面还为未来坚持某些基础研究，通过李约瑟领导的中英科学合作馆送出 100 余篇科学论文与国际学术界交流；在经费十分困难的情况下，大学的教育仍有扩大，并且趋向统一的水平，西南联大还培养出尔后获诺贝尔物理学奖的杨振宁和李政道这样的学生。中国科学家和工程师还成立了几个学术团体，其中最有影响的“中国科学工作者协会”成立于 1945 年 7 月。

在西北有中国共产党领导的陕甘宁边区政府。中央红军粉碎了蒋介石军队的第五次围剿,从江西苏区出发北上抗日,行程两万五千里,于1935年11月到达陕北,建立了以延安为中心的抗日民主政权。1936年12月西安事变和平解决推动了国共两党合作抗日,1937年8月南京国防会议把全国划分五个战区,对日进行持久抗战。西北的红军被编为第八路军,划归第二战区。南方八省红军被编为新四军,划归第三战区。1937年9月,八路军在平型关伏击日军精锐部队板垣师团,歼敌一千,打击了敌军的锐气。10月沂口战役大战20天未能阻止日军。1938年春台儿庄战役血战10天,终是徐州失守。国家军队主力抵不住日军而败退。八路军遂渐深入敌后,1940年八路军组织的百团大战的诸多胜利,增强了人民抗日的信心。延安成了华北抗日根据地。

在抗日战争的严酷岁月里,几百名科学家、工程师和医生奔赴延安,用自己的科学技术知识为敌后抗日斗争服务。还有一些国际友人也来到延安,如在当时延安医院工作的就有苏联人阿洛夫(I. I. Orlov)、德国人米勒(H. Mueler)、奥地利人傅莱(P. Frey)、美国人马海德(Ma Hai-Teh,1910~1988)等。为了支援抗日斗争和协助边区经济建设,1938年5月在延安设立自然科学研究院,李富春任院长。1940年2月又成立了陕甘宁边区自然科学研究会,吴玉章为会长。除此之外还建立了国防科学社、边区国医研究会以及作为自然科学研究会分会的农学会、生物学会、地质矿产学会、机械电机学会、化学学会、土木学会、医药学会、航空学会、数理学会等20多个学术团体。

自然科学研究院成立之初是一个研究机构。1941年1月中共中央又决定把它改为以自然科学教育为主兼顾研究的机构。作为教育的自然科学研究院开初设物理、化学、生物和地矿四个系,1943年调整为机械工程、化学工程和农业三个系。在培养学生的同时,也进行资源考察和开发研究。自然科学研究院成立有生物研究所,编写边区经济植物志,组织生物采集、森林考察和地质勘探等工作团。自然科学研究会及其所属各分会配合边区经济建设进行了许多有益的工作。改造和新建了一批工矿企业，如煤炭、食盐、石油、钢铁、纺织、造纸、医药、印刷、皮革、火柴、玻璃、陶瓷、日用化工以及军械、弹药等工矿企业，对支援抗战，改善人民生活起过重要作用。虽然就科学技术本身讲，延安时期的工作对尔后的发展并没有提供有用的科学技术基础，但是就发展科学技术的指导思想和科技体制方面说，却对以后有颇大的影响。一方面源于马克思主义的科学技术观在延安时期已在中国共产党的高级和中级干部中确立，并且在边区政府的各项有关事业中进行了初步实践。在延安取得了某些实践经验的干部，在中华人民共和国成立后，大多担负了科学技术事业的具体领导工作。例如，恽子强（自然科学研究院副院长）、武衡（自然科学研究会发起人之一）和李强（自然科学研究院第三届院长）分别被选为中国科学院第一届学部大会的数理化学部、生物地学部和技术科学部的学部委员。于光远（自然科学研究会驻会干事）被选为哲学社会科学部的学部委员，并成为具体实施党的科学政策的中共中央宣传部科学处处长。关于延安时期对尔后的具体影响，我们将在下一节较详细地分析，这里只摘录毛泽东（1893～1976）在自然科学研究会成立会上所讲的一段，这段话虽短，但明确地表达了他对自然科学研究的目标、自然科学和社会科学的关系、自然科学发展与社会制度等政策性的观点：

> 自然科学是人们争取自由的一种武装。人们为着要在社会上得到自由，就要由社会科学来了解社会，改造社会进行社会革命。人们为着要在自然界里得到自由，就要用自然科学来了解自然，克服自然和改造自然，从自然里得到自由。自然科学是要在社会科学指挥下去改造自然界，但是自然科学在资本主义社会里却被迫阻碍了它的发展，所以要改造这种不

合理的社会制度。①

日本人在中国东北办置的工业和科学文化设施究竟起了什么作用，是中国科学技术史研究不容忽视的问题。对此做出评论，不仅要分析日本人活动的动机和效果问题，而且还涉及美国和苏联。自甲午战争以来，日本一直想独占中国。日本是八国联军进犯北京的主力，并想借此成为他掌握东洋霸权的开端。不料沙俄却抢先占领了中国东北。这不仅与日本妄图夺取东北的野心不容，而且还感到沙俄势力对日本自身的威胁。由于英美的支持，日本于1904年2月在中国的领土上发动了对沙俄的战争。根据日俄《朴次茅斯条约》，日本从沙俄手中继承了在中国东北南部的全部侵略特权。其后又以各种借口逐渐扩大，在东北建立各种殖民机构。日本不仅妄图永久霸占东北，而且想把它变为武力征服整个中国和对抗俄国的基地。这些殖民机构主要有五个：关东军司令部、满洲都督府（后改为总督府）、南满铁路株式会社（简称"满铁"）、满洲重工业开发株式会社（简称"满业"）和伪"满洲帝国"。

"满铁"成立于1906年6月7日。美国总统罗斯福（Theodore Roosevelt，1858～1919）插手了此事。1905年8月31日美国铁道大王哈里曼（Edward Herny Harriman，1848～1909）去日本活动，妄想借机投资南满铁路，实行他包揽绕地球一周之海陆交通的野心。日本外相小林寿太郎坚决反对。以摩尔根财团为支柱的罗斯福出于同哈里曼财团竞争，愿意给日本30～40万美元的贷款，条件是除利息外还要买摩尔根公司的货。于是日本借助摩尔根财团有条件的贷款和在中日两国民间集股，建立了一个半官半民的"满铁"。原台湾总督府行政长官后藤新平（1857～1929）任总裁。他以"东印度公司"为样板，把满铁办成一个具有国家功能的殖民机

① 毛泽东（1940），在边区自然科学研究会成立大会上的讲话，《新中华报》，1940年3月15日。

构。满铁开办之初只有 4000 名职工，经总计十七届总裁经营，到日本投降时竟达 40 万名职工，成为日本本土都不曾有的大公司。名义上关东军、总督府和满铁三足鼎立，实际上是三位一体的。日本统治者为使其侵略东北“合法化”，又于 1932 年建立了一个以废帝溥仪（1908～1967）为傀儡的“满洲帝国”。日本人直接操纵这个伪政权为其扩大对中国的侵略服务。为其侵略战争统治工业的需要，1937 年 12 月日本政府让“日产”进驻满洲，由伪满政府投资为主设立半官半民的“满业”。鲇川义介任总裁的“满业”控制了东北的煤炭、钢铁、炼油、轻金属、重机、汽车、飞机等几乎全部重工业。

日本人通过“满铁”和“满业”把中国的东北工业化了。到日本投降时，东北的工业总产值已经超过农业；东北的重工业产品总量超过全国其他地区的总和，煤年产量 2650 万吨，生铁年产 118 万吨，钢年产 47 万吨（最高年产曾达 290 万吨），水泥年产 114 万吨；铁路里程达约 1 万公里，占全国的 1/3；电力装机容量约 180 万千瓦，占全国的 2/3。而且，“满铁”还建立了高水平的中央试验所、铁道技术研究所等研究机构，以及设施良好的铁道学院、医科大学、工业学院等高等院校。伪满政府也设立了大陆科学院，它包括 1 个分院、4 个研究所处、厂和 20 多个研究室（实验室）；还有一些由专业学校升格的大学，如旅顺工业大学、哈尔滨工业大学、奉天农业大学、满洲医科大学、新京医科大学等。日本占领下的东北也确实取得了一些当时先进技术成果，页岩油试炼成功并投产，以盐为原料制成苏打，煤液化也试验成功，流线型时速 120 公里的空调快车行驶在长大线上；小丰满水电站虽然不及美国的富巴和格兰德克利两个水电站，但也超过了苏联的第聂伯河水电站。

日本夸耀它在中国东北的巨大投资，但是大部分不是从日本国内输出，而是掠自东北的资源。例如，在“满业”系统中，伪满资本占 70%以上。日本人还声称，为开发东北他们从日本本土移民 30 万。但这些日本人是来统治东北人民的，而且开发东北的主要劳力是他们从关内掠抓来的百万劳工。利用中国的资源和财富，强迫中国人民流血、流汗建造起的百余个大工矿企业的产品 1/3 以上被运往日本本土，日本所需的 38 种军需资源 24 种依赖东北。没有运回本土的产品也未为中国人民造福，而是用于向关内扩大侵华战争。他们还用中国人做试验制造细菌武器。

也许不了解情况的人会说，即使当时中国人未能获益，但日本人留下的这些工业设施会成为中国未来发展工业的基础。可是并非如此。美国飞行员曾驾 B29 飞机从成都机场起飞轰炸过鞍山和本溪，苏军进攻日本关东军的炮火无情的摧毁，日本军队败退的破坏，特别是苏军以“战利品”为名的大拆搬，使这些设施所剩无几。战火毁坏 40％，苏军拆走 40％。儿岛襄（1927～2001）披露了一些苏军折毁的具体情况①。据他的记载，奉天地区的 50 多个工厂被拆毁，机床、发电机、化工机械、变压器等被拆走；鞍山地区 25 个工厂的设备被拆毁，为运走采矿、选矿、熔炼炉等设备，动用车皮 2890 辆，征派劳力 60 多万人；抚顺地区的采煤、炼油等设施被拆毁，一个轻金属厂竟只剩下墙壁和电炉；大连机械制造所的 90％的设备被拆走，石油、化工、电气、木工诸厂的设备全被拆走。按 1946 年 6 月派往东北调查的美国的一个委员会估算，苏军拆走的设备价值近 9 亿美元，而要重建则需 20 亿美元。这个委员会对各类工业设施损失率的估计是：电力 71％，煤矿 90％，钢铁 50～100％，铁道 80％，机械 75％，液体燃料 50％，化工 100％，水泥 50％，非铁金属 75％，纤维 75％，造纸 30％，电讯 20～100％。

三

科技体系的形成有赖人民政府。蒋介石一直设法限制共产党

① 儿岛襄（1976），《满洲帝国》，第 3 卷，第 424～425 页，文艺春秋，东京，1976 年。

的发展，当北伐接近胜利、国家临近统一之时，他就开始武力消灭共产党。共产党通过南昌起义（1927年8月1日）、秋收起义（1927年9月9日）和广州起义（1927年12月11日）建立了自己的军队，并在江西、湖北、湖南、福建、安徽等省的山区建立起革命根据地。蒋介石动用210万兵力围剿共产党未能如愿。抗日民族统一战线的政策使共产党的势力迅速壮大。蒋介石也不得不给共产党以合法的地位。但是，在蒋介石看来日本不过是皮肤之疾，而共产党则是心腹之患。美国一贯支持蒋介石政府，太平洋战争爆发后又设法使中国成为对日作战的基地，谋划使中国成为战后稳定亚洲抗衡苏联的主力。于是，在抗战期间，美国向国民党政府提供16亿美元的援助。尽管美国对蒋介石消极抗日也曾一度不满，但是在反法西斯战争胜利在望的1944年10月，美国出于抗衡苏联的政治战略考虑，开始为蒋介石统一中国做准备。在雅尔塔会议上美国和苏联开始拿中国东北的权益做交易。苏联以重获沙俄在中国东北的权益为条件，答应出击日本关东军，并保证支持国民党。这样，美国就不需要靠共产党军队去打日本，以便抑制共产党并迫其向国民党屈服。日本宣布投降后，美国空运蒋介石军队50万抢占华东和华北，并派美国海军陆战队5万人帮助蒋介石争夺华北解放区。战后美国以50多亿美元的军援和调停国共内战两手帮助国民党政府控制中国也未获成功。在辽沈、平津、淮海三大战役之后，国民党政府崩溃无疑的局势下，美国国务院曾一度试探同共产党建立关系。但是，美国扶蒋反共的历史使共产党不能相信它的真诚，而一边倒向苏联。既然中国共产党已经战胜了国民党，苏联理所当然要接受社会主义中国作盟友。1950年2月14日两国政府签订了“中苏友好同盟互助条约”。朝鲜战争美国原形毕露，第七舰队进驻台湾海峡，干涉中国内政。

中国共产党领导建立的中华人民共和国参加社会主义阵营是当时历史条件决定的。只能从社会主义阵营得到援助的社会主义中国，在政治、经济和科学文化诸方面，也必然以世界上第一个社会主义国家苏联为榜样。于是在科学技术体制方面就开始了从英美模式向苏联模式的转变。由于第二次世界大战后资本主义世界和社会主义世界的对立，中华人民共和国政府的国际环境远比南京政府初期的国际环境更险恶。但是，就国内环境来说，蒋介石政府从未真正统一中国，不仅共产党占有过15个革命根据地和19个解放区，而且约占全国总面积1/4的东北通过伪满洲国被日本控制着，而共产党则真正统一了中国大陆。这是中国现代史百年所未曾有过的。国内的统一和社会主义计划经济以及共产党人巩固政权的坚定信心，使中国迅速从战火破坏中恢复起来，并在苏联的援助下开始有计划地发展经济和科学文化事业。第一个五年计划使中国基本上建立起现代工业基础。正是因为有了这个工业基础，科学教育和科学研究事业通过迅速发展而初步形成一个大体配套的现代科学技术体系。尽管科学技术领域的骨干科学家大多是欧美文化教育出来的，但是社会主义的政治制度决定了中国的科技体制从欧美模式转变成苏联模式。

中国科技体制的这一转变，是通过以苏联科学院为蓝本的中国科学院建设、以苏联高等院校为样板的院系调整和苏联援建156项重点工程这三项主要措施实现的。苏联的援助起了重要的作用。按照贷款协定，苏联政府给中国合3亿美元的贷款。这笔贷款同中国当时需要的30亿美元相比，可说是数额很小，而且只相当1945年他们从中国东北拆走设备总值的1/3，与他们给波兰的贷款不相上下。尽管它远不能满足中国的需要，但是这一援助还是相当珍贵的，因为当时中国几乎只有苏联这个“恩主”。在贷款经援的同时，苏联政府还给了中国无私的技术援助。苏联政府不仅向中国派遣万名专家，而且还接受中国千名科学家、万名技术员和万余名学生到苏联学习。苏联专家把苏联的科技发展模式具体化在中国的诸科学研究机构、各高等院校和产业技术部门之中。

中国科学院成立于1949年11月1日。考古专家、历史学家和文学家郭沫若(1892～1978)任院长。它既是全国的科学研究中心,又是国务院领导和推行全国科学技术事业的行政机构。通过接收原中央研究院和北平研究院等研究机构,很快组建了现代史研究所、考古研究所、语言研究所、社会学研究所、现代物理研究所、应用物理研究所、物理化学研究所、有机化学研究所、生物化学研究所、实验生物研究所、水生生物研究所、植物分类研究所、地球物理研究所、地质研究所、紫金山天文台、工业实验馆、数学研究所、心理研究所、地理研究所、工程科学研究所等20个研究机构。这些研究机构的所长和主任绝大部分是原中央研究院的院士或评议员,200余名研究人员绝大多数有留学经历。通过1952年的思想改造运动科学家的思想被转到社会主义方向以后,1953年形成了向苏联学习的热潮。以钱三强(1913～1992)为团长的中国科学院代表团于1953年3月出访苏联,用了3个月的时间走访了98个研究机构、11所大学和工矿企业,听取了苏联科学院主席团专门组织的7个全面性报告。代表团把苏联发展科学的经验介绍到中国。除了院士制度外,苏联领导和组织科学研究的许多方式,如科学院的学部领导制、研究计划的制定程序、各研究机构的分工与配合、研究所和大学与产业部联系的方式等,几乎都照搬到中国。1954年10月12日中苏科学技术合作协定在北京签订后,苏联专家按计划来到中国。1955年6月,中国科学院学部委员制度正式建立,由数理化学部、生物地学部、技术科学部和哲学社会科学部四个学部组成学部大会,实施具体的学术领导。到1956年初,中国科学院的研究机构已发展到44个,全院研究人员已达2500人,其中高级研究人员400人。作为全国最高学术研究中心的中国科学院,其规模以及学科数都已远远超过原中央研究院。

在教育方面,1949年12月,教育部在北京召开全国教育工作会议,确定了改革和发展教育的方针。为加速培养工业建设人才,

1952 年 6 月～9 月，教育部按照苏联专科教育的模式，对全国高等学校进行院系调整。以前的大学沿袭欧美模式，大学只设院、系，不分专业。此次调整，实行按专业培养人才的方针。原有一些大学中的相同的系、院合并在一起，组成专门的学院。华北和华东两大文化中心地区是这次调整的重点。以北京和天津为重点的华北地区，调整为 41 所院校。其中北京大学和南开大学设为综合大学。清华大学和天津大学设为多科性高等工业学校。撤销辅仁大学和燕京大学，前者并入北京师范大学，后者的文、理科并入北京大学，工科并入清华大学。同时新设北京地质学院、北京钢铁学院、北京航空学院、北京林学院、北京农业机械化学院、中央财经学院、北京政法学院等专门学院。以南京和上海为中心的华东地区，调整为 54 所院校。其中南京大学、复旦大学和山东大学设为综合大学，浙江大学和南京工学院改为多科性高等工业学校，新设华东工学院、华东水利学院、华东航空工业学院、华东体育学院、南京林学院等院校。金陵大学、圣约翰大学、沪江大学、震旦大学等校被撤销，所属各系科分别并入其他学校。这次调整在全国的大学中共设置了 215 种专业，主要针对国家建设事业的需要。1955 年，为解决高等学校分布的不平衡，又迁部分沿海地区的高等院校到内地，新建了一批内地高等院校，使全国高等院校的数量升到 229 所。苏联援华专家中的近千名在高等院校任教，他们帮助中国建立了 150 个专业，开设了 900 多门课程，建设起 500 多个实验室。经过这两次院系调整及苏联专家的执教影响，国民政府时期的欧美式的通才教育体制，被彻底地改变为苏联式的专业教育。尽管这次调整过于机械地照搬了苏联的模式，学科设置过细，又不适当地撤消了一些学科，但总体上却适应了培养大批工业建设人才的急需。

一般说来，科学研究机构是新知识的来源，而高等学校又是科学家的摇篮。但是，若没有工业基础，缺少来自工业需求的创新动机，技术的发展无疑受到很大的影响。发展国民经济第一个五年计划(1953～1957)的工业化要求，极大地推动了现代技术在中国的发展。“一五”计划投资总额为427亿元人民币，其中，按现在流行的三产业划分法说，第一产业即农林牧渔占7.6%，第二产业即制造和加工业占58.2%，第三产业即包括交通运输、商贸金融和文教卫生的广义服务业占34.2%。而且，在第二产业中重工业又占85%。这个五年计划的600多个重点项目中的211项由苏联援建，苏联援建的核心项目156项，其中包括鞍山钢铁厂、包头钢厂、长春第一汽车制造厂、吉林化工厂、兰州炼油厂等。这种极端倾斜的投资方式，一方面表明中国急于实现工业化的决心，另一方面也是模仿苏联工业化模式的表现。

最先一批工业化的国家多以英国为样板，实行的是优先发展消费资料生产的模式，这是自由资本主义经济主导的道路。另一种工业化是德国和日本首先走过的。与英、美、法的经济主导型不同，它是权力主导型的，由政府主导，优先发展生产资料的生产。苏联是在生产资料公有和计划经济的前提下的权力主导的工业化道路，在第二次世界大战后，它成为经济落后国家、特别是社会主义国家模仿的工业化模式。

中国的第一个五年计划是成功的，主要指标于1956年提前一年完成。“一五”计划的实现改变了中国国民经济的结构，1956年的工业总产值占工农业总产值的54.7%，生产资料产值又占工业总产值的45.5%，现代工业产值占工业总产值的71.6%。由于政府把科学技术事业纳入“一五”计划，科学研究、科技教育和经济产业在发展中有计划的配合，为中国科学技术事业的发展提供了历史上前所未有的有利条件。

到1955年全国科学研究机构已发展到380多个，研究人员已达9000人，科学研究、工程技术、文教卫生三大系统中的高级知识分子已达10万人。1956年中国科学院自然科学奖的34项成果代表了中国科学家独立研究的能力。在技术领域，材料、能源和制造等技术部门能适当配套，中国工程技术专家的设计制造和施工能力大为提高，中国已能试制3500多种机械产品，冶炼240多种优质钢和合金钢。这一切表明现代科学技术体系已在中国初步形成。

形成欧美模式的外铄力

中国现代科学技术事业源于欧美文化的影响。这种影响的主要媒介是传教士和留学生。特别是后者，在中国现代科技体制形成期起了关键作用。

明清之际，以利马窦、汤若望、南怀仁三杰为代表的传教士，不仅通过译书活动向中国传播了一些现代科学知识，而且把少数好学的信徒带到欧美学习。但是，这些早期传教士的科学输入，只对徐光启这类少数有心人产生了有意义的启示，对于儒士阶层的大多数，最多也不过激发出一些好奇心。教士们把一些人带出国，例如，1659年郑马诺到罗马，1680年沈福宗到里斯本，1724年吴禄爵到那不勒斯，1751年杨德望和高类思到巴黎和里昂，1790年刘保禄到巴黎，1847年容闳、黄宽和黄胜到纽约。在左宗棠上留学条陈(1873年)之前，已有百余人出国学习[①]，除容闳和黄宽等极个别人外，几乎未对中国科学技术事业产生什么影响。

晚清时期同光新政逐渐使西学合法化。洋务运动大潮不仅开创了中国的现代工业，而且也造就了李善兰(1811～1882)、华蘅芳(1833～1902)、徐寿那样一些具有儒士和专家双重性格的科学家，兴起从儒学向科学过渡的格致学。以伟烈亚力、艾约瑟(Joseph Edkins, 1823～1905)、丁韪良、傅兰雅、李提摩太(Timothy Richard, 1845～1919)等人为代表的西方教士和学者译书、执教功不可没。教会学校开中国现代教育之先河，“废科举，兴学堂”之前，是中国现代普通教育之示范。1914年教会学校总数达12000余所，

① 方豪(1948)，同治前欧洲留学史略，《方豪文录》，第169～187页，上智编辑馆，1948年。

在校学生总数约25万人；教会学校数仍占全国学校数的1/6，教会学校学生约占全国学生数的1/8。到1937年教会学校总数占全国学校数已不及1%，但仍有在校学生100万名，其中大学生8000名，中学生90000名。同科学技术事业更直接相关的是大学教育。教会大学长期占优势，直到1921年，国立、省立和私立中国大学才只有8所(不计专科学校)，全国大学在校生的80%在教会大学。南京国民政府统治的20年中全国各种高等学校的毕业生共约18万，教会学校毕业生仍占1/10。

欧美文化对中国现代科学技术事业影响的最主要媒介是留学生，正是这些人真正从儒士阶层游离出来，形成科学专业群体。洋务运动时期曾遣幼童120名赴美，派海军学校学生50余名赴欧。在清末，两万余名留日青年多学政法，唯南洋公学、北洋大学、山西大学在1906～1907年所派百余名学生多赴欧美学科技。1909年中美两国签订庚款游美协议，随后又有英国及其他国家效法，留学事业又兴。由于美国要求留美学生学理工者不应少于80%，留学选业开始改变。1928年国民政府教育部组织法提出“严限选派资格，注重应用科学，以为造就专门技术人才”的政策后，学习科学技术成为留学主流。1911年～1949年共派出公费留学生约3万人出国。正是这批留学生学成回国者，为中国现代科学技术事业的奠基做出了主要的贡献。中国最早建立的两个科学研究中心，中央研究院和北平研究院，主要是由民初10年游学者组成；前者以游美学者为主，后者以游欧学者为主。中国科学院第一届学部大会(1955年)选出自然科学和工程技术三个学部的155名委员，其中90%有留学经历。中央研究院、北平研究院和中国科学院的这些情况足以说明，留学生在中国现代科技体制形成中的重大作用。

在欧美文化对中国文化的影响中，美国在20世纪上半叶扮演了主要角色。美国在中国办的教会大学最多，这些大学的毕业生又成为留美深造的主要生源。基金会资助是美国影响中国的重要手段。洛克菲勒基金会中华医药董事会(The China Medical of the Rockefeller Fongdation),在1920～1930年代,以北京协和医院为中心投资3300万美元,对中国医学科学事业奠基起了重要的作用。庚款中华教育文化基金董事会(The China Foundation for the Promotion Education and Culture),其款额不及洛克菲勒基金,由于资助范围广和使用得当,成为现代中国早期最有影响的科学基金会。庚款留美预备学校——清华学校的设立更确保了留美生源。这些因素造成,有留学经历的中国科学家中留美者最多。李佩珊根据《中国科学家辞典》资料对此作过专门分析[①],当代有影响的877名科学家中662名有留学经历,占75.5%,而有留美经历的又占这662名的59.3%。

一

清华学校[②]是以美国退还的庚子赔款为财源支持的。1900年,日、英、俄、德、奥、法、意、美八国联军,纠集1万9千多兵从天津向北京进犯,清政府近10万大军竟抵挡不住不足2万人的侵略军。皇室出逃西安,京城沦陷敌手。李鸿章代表清政府签订丧权辱国的辛丑条约,赔款4.5亿两白银,分40年还清,连同利息和各省赔款总计约10亿两以上。美国在这次战争中分得赃款3200多万两(合2400多万美元)。这笔赃款除去美国侵略中国的军费以及美国在华商人和教士的所谓损失,尚盈1100多万美元。1904年美国总统罗斯福决定把这笔余额退还中国,作为向美国派遣留学生之用。

这里必须述及美国"退款办学"的目的以及中国官方和民间对

① 李佩珊(1985),1949年以后归国留学生在中国科学、技术发展中的地位和作用,《自然辩证法通讯》,第11卷(1985年),第4期,第26～34页。

② 清华大学校史编写组编著(1981),《清华大学校史稿》,中华书局,1981年。

此事的反响。美国教士明恩溥(A. H. Smith,1845～1932)和美国伊利诺大学校长詹姆士(E. J. James)的言论可作为美国的代表意向。明恩溥1872年来华,最初在天津传教,1878年转山东,1905年辞教职,留居通州专事写作,第一次世界大战后回国。他在华期间潜心了解并研究中国社会,著有《中国的文明》(1885年)、《中国的特色》(1892年)、《中国农村生活:社会学研究》(1899年)、《骚动中的中国》(1901年)、《基督教之王:中国研究纲要》(1903年)、《中国的社会进步》(1906年)、《今日的中国和美国》(1907年)等著作。他是"退款办学"的积极主张者,为此还于1906年专程回美国一次。在他看来义和团的反帝爱国斗争是一种野蛮行为。从他的著作《今日的中国和美国》中,我们看到,他主张退款办学的目的在于防止类似义和团运动那样的事件再发生[①]。在他的这本书中,他还介绍了詹姆士的看法。詹姆士认为,就美国的商业利益来说,扩展对中国人的精神影响比军旗更可靠。眼看中国青年大批留日和留欧,他为美国将来在中国失势而着急。1906年他给总统罗斯福写了一份备忘录,其中写到:

> 中国正临近一次革命。……哪一个国家能够作到教育这一代青年中国人,哪一个国家就能由于这方面所支付的努力,而在精神和商业的影响上取回最大的收获。如果美国在30年前已经做到把中国学生的潮流引导过来并继续扩大,那么,我们现在就一定能够以最圆满和最巧妙的方式,从知识和精神方面支配中国领袖的方式,控制中国的发展。

这时美国人也看到清政府不支持教会学校,教会学校培养出来的人受到歧视,他们不但很少有机会进入政界,甚至没有选举权。于是,想出退还部分庚款,在形式上由中国官方"自办",来达到教会学

① Arthur Henderson Smith(1907), *China and America Today*, p. 220, New York, 1907.

校难于达到的目的。

1907 年 12 月 3 日罗斯福在国会上所作的《1908 年的施政方针》报告中正式宣布：

> 我国宜实力援助中国厉行教育，使此繁重之国能渐渐融合于近世之文化。援助之法，宜将庚子赔款退赠一半，俾中国政府得遣学生来美留学。

当时中国知识界有人对美国此举不满，如章太炎甚至在报刊上公开斥责其为“勒派游学”“鼓铸汉奸之长策”[①]，而清政府则对庚款办学持欢迎态度。两国政府就此于 1909 年签订了协议，从此，美国将庚款余额逐年按月退还，到 1940 年退完。1909 年 6 月清政府设“游美学务处”，并筹办“游美肄业馆”。1911 年 2 月改“肄业馆”为“清华学堂”，成为正式留美预备学校。

游美学务处按照中国外交部与美国公使商定的《遣派学生规程》立即着手遣派留美学生事宜。美方要求游美学生主要去学理工，不得少于 80%，头四年每年派 100 名，以后每年不应少于 50 名。也就是说，中国至少要用庚款余额派 1800 名游美学生。头三年留美学生是从各教会学校和各省高等学堂送来的学生中，经游美学务处“品学甄别考试”选拔，直接遣派美国留学。1909 年遣派 47 名，1910 年遣派 70 名，1911 年遣派 63 名，三批共 180 名。这其中的许多人成为中国现代科学事业的奠基人，如，梅贻琦（1889～1962）、胡刚复（1892～1966）、秉志（1886～1965）、张子高（1886～1976）、钱崇澍（1883～1965）、竺可桢（1890～1974）、姜立夫（1890～1978）、周仁（1892～1973）等。

游美肄业馆为准备赴美的学生进行短期训练而设。但是在筹办期间又提出创设正式留美预备学校的方案，以保证数量足够

① 章太炎：《清美同盟之利病》，《民报》，1908 年第 24 期。

的合格学生遣派美国。肄业馆未及开学就于 1911 年 2 月改名为“帝国清华学堂”。第一批学生 468 名，于 1911 年 4 月 29 日正式开学。不久，因辛亥革命爆发，学生害怕战争而四散回家，又加清政府挪用这年的退还庚款，学校被迫停学。1912 年 5 月 1 日复课，同时根据袁世凯北京政府教育部的《普通教育暂行办法通令》，将“学堂”改为“学校”。从此而有“清华学校”之名，直到 1928 年改建为“国立清华大学”。

清华学校期间，在校学生数约 500 人。美国平均每年退款 70 多万美元，学校与留美学务处两家接近平均使用，其人均富裕程度几乎高出当时国立北京大学的 3 倍。清华学校在这种优厚的经费条件下，在几乎完全美式的教育下，从 1911 年到 1929 年，共毕业 973 人。其中除 6 人外，全部遣派美国留学，加上游美学务处直接派遣的 180 名和幼童留美班 12 名，以及直接留美女生 53 人，专科生 67 人，津贴自费生 476 人，特别官费生 10 人，外来官费生 60 人，袁氏后裔生 3 人，总共有 1828 名经清华学校赴美留学。

清华学校留美学生对中国现代科学技术事业的作用，由分析他们在中央研究院和中国科学院中的学术地位，可得到一个宏观的印象。在中央研究院，清华学校留美学生(包括津贴生)占第一届评议会(1935 年)44 名评议员的 1/4，第二届(1940 年)45 名评议员的 1/4 ，第一届 81 名院士(1948 年)的 1/4 ，1948 年 12 名所长的 1/4。在中国科学院，第一届学部大会(1955 年)233 名学部委员中，其中 33 名为清华学校留美生出身，占总数的 14%。这些统计数字表明，在 1930 和 1940 年代，清华学校留美生出身的学者，支撑着中国科学事业的 1/4。清华学校是中国历史上空前绝后的一个独特的学校，从学校的经费来源、教学方针到行政管理都反应着殖民化的特征。但是，清华学校的学生大多数是爱国的。

二

中华教育文化基金董事会也是以庚款为财源。退款办学本为英浸礼会所创。1902 年由李提摩太（Timothy Richard，1845～1919）谋划勒逼山西当局赔 200 万银两办山西大学堂，无甚影响。而美国政府出面的“退款办学”招致有关各国效法。美国各方人士对庚款清华学校“留美归国的先辈，有些已经占据重要位置，在政局上很有影响”甚为满意。1924 年 3 月 31 日，美国众议院外交委员会又讨论第二次退款。遂第 68 次国会会议通过议案，将庚款的三分之一分 20 年退还中国，不限用于留美学生，而是在更广泛的领域里发展中国教育文化事业。中美两国政府协商，决定成立一个接受、保管和使用这笔庚款的董事会。于是中华教育文化基金董事会（简称中基会）于 1924 年 9 月成立于北京[①]。它的第一届董事会由 15 人组成，中国方面 10 人和美国方面 5 人，分别由两国政府指派。以后各届董事会改为自行选举产生。历届董事会的成员主要由文化界名流组成。按时间先后出任中基会董事长的有范源廉（1877～1928）、颜惠庆（1877～1950）、张伯苓（1876～1951）、蔡元培（1868～1940）、蒋梦麟（1886～1964）等人。庚款中基会与庚款清华学校不同，它不限于留美教育，作为基金会，它的任务被规定为：“发展知识，及此项知识适用于中国情形之应用，其道在增进技术教育，科学之研究、试验于表征，及科学教学法之训练”以及“促进永久性质之文化事业，如图书馆之类。”它实质上是一个科学基金会。虽然，早在 19 世纪下半叶科学基金会就已兴起，可是在中国却是第一次出现，而且作为 20 世纪前半叶最有影响的科学基金会，对中国现代科学事业的发展做出了重要的贡献。

科学研究是知识生产活动，不仅培养从事知识生产的科学家的

① 关于中基会的成立及其科学资助情况，杨翠华的《中基会对科学的赞助》（中央研究院近代史研究所，1991 年）有详细的分析。

教育事业需要钱,进行研究更需要钱。所以早期的科学家多出自有闲阶级。17和18世纪王公贵族们为显示自己的高贵资助过科学。当科学成为一种致富的手段时,唯利是图的企业家和出版商出来资助科学研究,当科学成为国家力量的体现时,政府也出来资助科学了。资助科学的形式是逐渐演变的。开始往往有钱的科学家是没钱的科学家的恩主,或者科学作为慈善事业受到某些慈善家的资助。科学家也常常通过承接工业、商业和法律的咨询,或举办工业展览等方式收集科学研究所需的资金。当单个恩主不解决问题时,恩主联合资助的方式出现了。这种方式制度化就出现了基金会。19世纪中叶开始各种科学基金会相继而出。1860年德国建立了洪堡基金会,它接受各国捐赠,以资助德国科学家的研究和出国考察。1864年英国爱丁堡大学设立贝特基金会,一方面作为社会舆论压力集团,另一方面作为真正的资助者支持科学教育和研究。1895年设立的著名的诺贝尔基金专用于奖励科学研究。1911年美国卡内基金会旨在传播科学文化,专注于资助大学和专业学会。1913年美国洛克菲罗基金会成立,它的早期目标是支持普通教育和科学的实际应用。到1924年在美国百万美元金额的科学基金会已有百余个。中基会正是在美国科学基金会蓬勃发展的背景下,以极其特殊的方式推广到中国来的。

科学基金在当时的中国之必要性,可从影响深远的中国科学社得到很好的说明。当1915年一群中国留学生在美国绮色佳成立科学团体时,其开办经费只有社员集资的区区400美元。其后靠社员交纳的入社费和作为赞助社员的捐款[①],普通社员入社费10元并每年另交5元,永久社员一次缴齐100元,赞助社员需捐款500元以上。所需经费预计50000元,科学社领导人不得不到处募捐。1919年经他们四处奔波,徐世昌总统捐款2000元,教育部捐款

① 杨小佛(1980),记"中国科学社",《中国科技史料》,第二辑,第72～77页,1980年。

1000元，共得捐款约10000元。1924年所需款项仍未募足，胡适出面争取庚子退款也未果，直到1927年经蔡元培等努力方得到南京政府40万国库卷的资助。像中国科学社这样的，有名流蔡元培、马君武为特别会员，有张謇、爱迪生（Thomas A. Edison，1847～1936）为名誉会员的学术团体尚如此拮据，其他民间科学机构之困难程度不难想象。中基会的成立，对刚起步的中国科学事业有如久旱甘雨。

中基会为了有效地使用有限的资金，根据中国科学事业初创的实际情况，规定了如下资助原则：

1）主要资助那些已初见成效或实验显著的机构，一般不资助计划中的新设机构。

2）特别重视资助那些 由于中基会的支持而可能得到地方上更多援助的事业。

3）注重受资助事业影响的全国性、全民性和地域性。

4）对公立和私立机构一视同仁。

中基会的资助重点在提高教育水平和发展科学研究方面。资助方式随时间的推移也越来越多样化。1925年始筹建北海图书馆（后与北京图书馆合并），1926年起设科学教授席资助，1927年设科学教育顾问委员会（1931年改为编译委员会），1928年设研究补助金和奖励金，1929年与尚志学会合办静生生物调查所，1930年始设研究教授席资助，1931年与北京大学合作设研究特款。

中基会通过自办、合办及对学术团体和个人资助，作为政府支持的一种重要补充，对中国现代科学事业的奠基起了明显的促进作用。

在自办事业方面，编译委员会、社会调查部和华美协进社无疑在中国现代科学技术史上留下了它们各自的足迹，而那些科学教授席、研究教授席、特聘教授席、研究补助和奖励金，在提高科学教学水平、激励科学研究方面更是厥功至伟。1930～1936年，中基会在中央大学、武汉大学、北京师范大学、中山大学、东北大学、四川大学等校，设物理学、化学、动物学、植物学、心理学科学教授26座，40名教授应聘。这些教授除从中基会得到薪金外，尚可得到10000元的仪器补助金，任满6年的还可受资助出国休假研修一年。研究教授席为少数造诣深的科学家提供更充分的资助，使他们无后顾之忧地专至于科学发现。地质学家翁文灏(1889～1971)和葛利普(Amdeus William Grabau，1870～1946)，化学家庄长泰(1894～1962)、生物学家秉志(1886～1965)、陈焕镛(1890～1971)和胡先骕(1894～1968)，考古学家李济(1896～1979)和力学家金大昆等8名学者幸受科学教授席。研究补助金分甲乙丙三种。甲种为教授休假研修而设，每年500～1500美元。乙种专为大学毕业出国深造而设，每年500～1000美元。丙种为经费不足的研究者提供部分补助。1928～1948年共资助764人次。其中生物学298人次，化学122人次，物理学81人次，地质学53人次，农林47人次，工程技术42人次，数学29人次，天文气象17人次，医学16人次，其他54人次。其中包括饶毓泰(1891～1968)1929年去德国休假研究，吴大猷(1907～2000)1931年去美国留学，他们后来被选为中央研究院的第一届院士。研究奖励金虽然金额不大，每奖1500～2000国币，发奖却宁缺毋滥，1928～1939年有地质学、生物学、天文学、历史学、药物化学共9人被授奖，颇有激励作用。

在合作事业方面，作为永久性事业留下了代表国家水平的北京图书馆，静生生物调查所作为中国科学院植物所的一部分也保留了它的历史足迹。土壤调查、中学英语调查和北京大学研究特款这些临时性合作，最后者成效甚为卓著。1931～1935年间，中基会与北京大学合作各出20万，共40万法币设研究特款。此款专用于北京大学设研究教授席，扩大图书资料和仪器设备，颁发助学金和奖学金。双方订立了合作研究特款办法，并成立了合作特款顾问委员会。北京大学用这笔特款设了待遇优厚的“研究教授”职位,从本校甚至国外聘请了一批研究教授。理科应聘的研究教授有地质学家李四光(1889～1971)、丁文江(1887～1936)和谢家荣(1898～1966),数学家江泽涵(1902～1994)和冯祖荀(1880～1940),生物学家张景钺,心理学家汪敬熙(1893～1968),化学家曾昭抡(1899～1967),皮革专家刘树杞(1890～1935),物理学家王守竞(1904～1984)、朱物华(1902～1998)、饶毓泰和萨本栋(1902～1949),外籍教师有美国人葛利普和德国人斯本芮。北京大学理科各系自有研究特款以后才真正走上独立研究的征程。李四光在地质方面的主要贡献就在这时奠定了基础。

在资助科学文化团体方面,中基会对高等院校、科学研究所、实用技术和医疗卫生部门以及科学学会等二百多个机构给予过适当的补助。其中国科学社生物研究所是重点资助对象,成绩也最显著。中基会对生物学资助最多[①],获科学教授席、研究教授席和科学研究奖助金资助数,生物学家占到40%以上。中国科学社生物研究所是中国人办的第一个生物学研究机构。在该所1922年8月成立之初,科学社只能拨款240元,只相当一个职员的年薪。1923年江苏省政府拨给每月300元的资助多用于雇用采集员和购买药品以及建标本室,大部分研究人员无酬劳地工作。他们从大学借来仪器,装备实验室,还把私人藏书集在一起办了个图书馆。从1926年起中基会重点资助这个有生气的民间研究机构。前4年每年资助15000元,以后增至每年50000元,还时有购置仪器设备、修造房舍、出版印刷等临时补助费。由于经费一下子激增数十倍,研究条件大为改善。购置了仪器设备,添置了图书,扩大了研究队伍,1928年招收了研究生,1931年还盖起了一栋小楼。至1933年全所共完成科学论文170多篇,除72篇送国外发表,其余在《中国科学社生物研究所论文专刊》

① 曹育(1991),中华教育文化基金会与中国近代生物科学的早期发展,《自然辩证法研究》,第3卷(1991),第3期,第33～41页。

上刊出。他们的工作为国内外同行所瞩目，被誉为"中国生物学的摇篮"。虽然中基会基金从来源看带有半殖民地色彩，但是，它创建的适时及它的妥当而又广泛的资助，无疑有力地促进了现代科学在中国的立足。

三

除美国外，英、日、德、法诸国也对中国科学事颇有影响，其中英国更卓著。英国对中国科学技术发展的影响始于著名英国皇家学会会员马礼逊，1931 年成立的中英庚款董事会和抗日战争时期的中英科学合作馆的工作最值得称道。马礼逊的《英华字典》和学校未曾使中国这潭死水泛起涟漪，倒是英国的炮弹引起深潭激荡。正如马克思以历史的观点评论英国在印度的作用一样①，也可以说怀着卑鄙私利的殖民主义者在造成中国革命中充当了不自觉的工具。随着鸦片战争的炮声，先后有伟亚力于 1847 年，艾约瑟于 1848 年，傅兰雅于 1861 年，李提摩太于 1870 年到达中国。前面已说过，他们向中国传播科学知识的功绩不可漠视。同样英国的学校在造就中国科技人才方面的功绩，中国人也不会忘记。爱丁堡大学为中国培养了第一位医学博士黄宽，他 1875 年回国后又培养了中国第一代西医。格林尼次官学接受中国求是艺局 1877 年派遣的留学生，其中的严复（1854～1921）成为中国著名的资产阶级启蒙思想家。他的译著《天演论》（1895 年），对于不甘屈服帝国主义的中国人来说，成为一种社会改革的理论基础。格拉斯哥大学培养的丁文江，1911 年归国后成为中国地质学的奠基人，他"是一个欧化最深的中国人，是一个科学最深的中国人"②。学出伯明翰大

① 马克思（1853），不列颠在印度的统治，《马克思恩格斯选集》，第 2 卷，第 62～68 页，人民出版社，1972 年。

② 胡适，《丁文江这个人》，传记文学出版社，台北，1976 年。

学的地质学家李四光后来成为中国科协主席(1958～1971)。1939年从伦敦大学获化学博士的卢嘉锡后来成了中国科学院院长(1981～1987)。英国政府也曾在美国之后退庚款用于发展中国的教育事业。作为庚款留英学生的张文裕,1938年获剑桥大学博士学位,成为有成就的高能物理学家。另一位庚款留英学生黄昆,1947年从利物浦柏雷斯托尔大学获博士学位,成为有成就的固体物理学家。中英庚款董事会,在中国西南地区的云南和四川两省开办了几个讲座,一方面充实云南大学和四川大学的教师阵容,另一方面也是安排从平津疏散到后方的教授。但是,英国对中国科学事业最有历史意义的影响是李约瑟博士领导的"中英科学合作馆"(Sino-British Science Co-operation Bureau, 1943～1946)。

"中英科学合作馆"由英国政府提供经济资助。这是英国政府和人民支持中国人民抗日战争的一部分。它的主要目的是帮助受日本封锁的中国科学家和技术人员。生物化学家李约瑟作为英国皇家科学院的代表任这个合作馆的主任。中英科学合作馆聘请中英科学家17人作为该馆的科学职员,另聘14名作为行政管理职员,共31人并一个汽车队。这17名科学职员的姓名、专业和合作馆中任职情况如下:

李约瑟博士——生物化学,主任;

黄兴宗先生——有机化学;

廖鸿英小姐——农业化学;

李大斐(Dorothy M. Needham)博士——生物化学,化学顾问;

班威廉(William Band)教授——物理学,物理学顾问;

白诺吉(Gautom G. Banreji)博士——生物化学,驻印度供给代表;

邱琼云小姐——药物学,图书办事员;

曹天欣先生——有机化学,供给办事员;

毕铿(Laurence Picken)博士——生物物理学,生物学和农业顾问；

萨恩德(Gordon Sanders)博士——病理学，医学顾问；

胡乾善教授——物理学，物理学、数学和工程学顾问；

钱家祺教授——物理学；

侯助存先生——化学；

周家炽教授——植物病理学，驻昆明供给代表；

鲁桂珍博士——生物化学，营养科学顾问；

龙怀民先生——无线电物理学，技术翻译；

包耳顿(C. M. G. Bolton)博士——地质学，地质学顾问。

李约瑟和他的夫人李大裴在他们专门记述中英科学合作馆的著作《科学前哨》[①]中，有 1944 年 2 月写的关于合作馆第 1 年的工作报告，其中列出的工作包括 13 项，而 1946 年 2 月写的关于第 2、第 3 年的工作报告中则着重报告了五项关键工作。这五项工作是：

1）保持中国同西方的科学联系；

2）向中国提供科学资助；

3）帮助中国科学家在西方刊物上发表论文；

4）报道中国科学组织的消息；

5）帮助交换学者。

李约瑟领导的中英科学合作馆的这些工作，在极端困难的条件下，做得十分出色。通过这个组织，中国科学组织与英国、美国和印度保持了联系。中国军政部同英国军事研究部、美国科学研究开发局，中国卫生总署和军医署同英国医学研究委员会、美国医学研究委员会，中国经济部同英国科学和工业部、美国科学研究开发局，中国农林部同英国农业部研究委员会、美国农业部分别保持联系。李约瑟和他的合作馆的同事们，足迹遍及中国 18 个省中的

① Joseph Needham and Dolothy Needham (1948), *Science Outpost*, London, The Pilot Press Ltd, 1948.

10个省,走访近300个研究机构,登录了300多位中国科学家和工程师,这个名录可称得上第一部《中国当代科学技术人名录》。合作馆在支援科学资料方面最重要的工作是提供图书和杂志。3年中向中国运送了6775册图书和167种杂志,价值60000英镑。这些图书和杂志被送到333个研究机构,并以各种方式被充分利用。通过合作馆的努力,中国科学家的138篇论文被送往国外发表,其中124篇在英国杂志上发表,11篇在美国杂志上发表,另外3篇在印度杂志上发表。通过合作馆中国的24名学者得以出国访问,67名学生得以出国留学。

当李约瑟即将离开中国时,中央研究院历史语言研究所所长,北京大学代理校长傅斯年曾对李约瑟的工作作出如下评价:

> 三年半前英国国会派李约瑟博士到中国来。这是中国和西方文化交流史上一个值得记载的事件。自从明代万历年间耶稣会士利玛窦神父进中国以来,已经有许多学者访问过中国。然而他们的主要目的不是科学交流。他们是博学的,但是在来中国之前他们并未在西方获得某种成就。在康熙年间来中国的学者中某些人已经有了名气,但他们的目的还是不同于李约瑟博士的目的。只是为了同中国的科学机构进行科学交流和增进友谊,一个伟大民族的科学院院士被派到中国,在我们艰苦斗争之时给我们以巨大的鼓励;这是李约瑟博士访问中国的特点,是未来科学合作的开始。

在评论李约瑟关于中国科学技术的卓见之后,他继续说:

> 说到战时中国的研究机构,包括大学,它们中的大多数是名不副实的。实际上没有什么设备,工作人员事实上是得不到很好照顾的逃难者。在战争开始时,学术水平比现在要高得多,然而随着敌人的推进,这些研究机构一步一步地向西部

> 集中，物质的短缺导致志气低沉。在这种情况下，作为一个访问中国的外国学者，无疑会感到失望。然而，李约瑟博士的印象则不同。他看到这个图景的另一面，并且他的理解是他的热情的结果。他不是看我们的贫穷和愚钝，而是看我们的前景；他仔细而又详尽地看了我们许多科学研究机构、它们研究的课题以及他们的工作态度。他认为，许多工作人员的成就是出乎他的意料的。[①]

中英科学合作馆的一个前所未料的结果是，使联合国教育文化组织 UNECO 变成联合国教科文组织 UNESCO。李约瑟试图把中英科学合作馆的经验，推广为“国际科学合作部”[②]。他给他的老朋友主持联合国教育文化组织的赫胥黎(Julian Huxley，1887～1975)写信，建议在 UNECO 中加一个字母 S。于是 UNESCO 诞生了，李约瑟被聘为这个组织的科学处长。他为国际科学交流又奔波两年多(1946～1948)。

还有一个几乎人所共知的事实，李约瑟在中英科学合作馆工作，为他写作《中国科学技术史》搜集材料提供了便利条件。而他的这部多卷本的著作，不仅使西方人了解中国古代文明，而且它的问世也促进了中国人对祖国的科学遗产的深入研究。

苏联模式的思想基础

科技体制的苏联模式的思想基础是：科学目的的功利主义、科学活动的合作精神和科学思想的唯物论。从欧美模式向苏联模式转变是以中华人民共和国的建立为契机的。但是，就其所包含的科学思想说，其根源却是久远的。中国历史积淀的文化土壤中儒

① Joseph Needham and Dolothy(1948), *Science Outpost*, pp. 285～286, London The Pilot Press Ltd, 1948.

② Jospeh, Needham(1948), Memorandum on an International Science Co-operation Service, *Science Outpost*, pp. 274～282.

学的政治化伦理和经世传统，似乎准备好了接受功利主义科学目的论的条件。国家首脑对科学的认识极大地影响着科学事业的目标和科学活动的方式。

在中国科学的欧美模式时期，作为国家总统的蒋介石（1887～1975）发表过专门谈论科学的文章，如《科学的中庸》、《科学的道理》、《科学的精神》等。在《科学的中庸》中他说："我以为这《大学》一书，不仅是中国正统哲学，而且是科学思想的先驱，无异是开中国科学的先河！如将这大学与《中庸》结合订成本，乃是一部哲学与科学相互参证，以及心与物并重合一的最完备教本，所以我乃称之为'科学的中庸'"。台湾学者林崇熙对蒋介石的科学认识有一个评论："蒋介石的'科学'只是象征符号式地工具性运用，事实上，对实际科学的推展是没有助益的，反而可能是阻力。"[①]我们对欧美模式时期的科学思想点到为止，主要讨论苏联模式的思想基础。

1940 年，毛泽东就在《新民主主义论》[②]中提出"民族的科学的大众的文化"标准。对于"民族的"他强调"革命性"，主张既维护中华文化的独立和尊严又不一般地排外，对外来文化采取反对其"反动的"吸收其"进步的"洋为中用的原则。他说：

> 这种新民主主义文化是民族的。它是反对帝国主义压迫，主张中华民族的尊严和独立的。它是我们这个民族的，带有我们民族的特性。它同一切别的民族的社会主义文化和新民主主义文化相联合，建立互相吸收和互相发展的关系，共同形成世界的新文化；但是决不能和任何别的民族的帝国主义反动文化相联合，因为我们的文化是革命的民族文化。中国应该大量吸收外国的进步文化，作为自己文化食粮的原

① 林崇熙（1991），台湾"长科会"纲领形成的历史背景，《第二届科学史研讨会汇刊》，第65～82页，台北，1991 年。

② 毛泽东（1937），《毛泽东选集》，第 2 卷，第 623～670 页，人民出版社，北京，1966 年。

料……凡属我们今天用得着的东西,都应该吸收。

对于"科学的"他强调其"反封建性",主张对中华民族的传统文化,采取"剔除其封建性的糟粕,吸收其民主性的精华"的古为中用的原则。他说:

> 这种新民主主义的文化是科学的。它是反对一切封建思想和迷信思想,主张实事求是,主张客观真理,主张理论和实践一致的。在这点上,中国无产阶级的科学思想能够和中国还有进步性的资产阶级的唯物论者和自然科学家,建立反帝反封建反迷信的统一战线;但是决不能和任何反动的唯心论建立统一战线。……中国的长期封建社会中,创造了灿烂的古代文化。清理古代文化的发展过程,剔除其封建性的糟粕,吸收其民主性的精华,是发展民族新文化提高民族自信心的必要条件;但是决不能无批判地兼收并蓄。必须将古代封建统治阶级的一切腐朽的东西和古代优秀的人民文化即多少带有民主性和革命性的东西区别开来。

对于"大众的"他强调"民主性"和民众是革命文化的源泉并阐述了普及和提高的区别和联系。他说:

> 这种新民主主义的文化是大众的,因而即是民主的。它应为全民族中百分之九十以上的工农劳苦民众服务,并逐渐成为他们的文化。要把教育革命干部的知识和教育革命大众的知识在程度上互相区别又互相联系起来,把提高和普及互相区别又互相联系起来。革命的文化,对于人民大众,是革命的有力武器。……须知民众就是革命文化的无限丰富的源泉。

在这里,虽然毛泽东讲的是文化的民族性、科学性和大众性,但是在他的思想中它也是无产阶级的科学意识。中华人民共和国成立后，他的这些思想，成为对于包括科学在内的文化进行全面改造的指导思想。

1952年7月，陈伯达(1904～1989)在中国科学院发表讲话，阐述中国共产党关于科学技术的基本思想。这个讲话的第一部分是关于党的干部和科学技术专家的关系。他一方面要求党的干部要信任和尊重专家，另一方面鼓励专家与党合作并把自己改造成红色专家。他说：

> 毛主席在这点上也早已给我们指出：作为知识分子、科学家，他们事业要有成功的希望，就必须与人民群众相结合，否则就会一事无成。一百年来的经验恰恰告诉我们，我们的科学家只能在人民中、在和共产党的合作中找到自己的前途。

这个讲话的第二部分是关于中国科学院的工作方向。他强调科学事业不再是一项个人的活动，而是科学家集体的事业、人民的事业，要建立集体的、合作的研究秩序，要理论联系实际制订服务于国家需要的计划。讲话的第三部分是关于科学家与爱国主义。他批评了怀疑民族文化，认为外国的月亮也比中国的圆的自卑情绪，强调发扬中国的科学传统。

陈伯达的这次讲话与毛泽东关于文化的那些论述是一致的。实质上，他是代表中国共产党宣布了党领导科学的原则、理论联系实际的原则、群众科学的原则、发扬民族科学传统的原则。下面我们从科学目标、科学活动和科学思想三个层次阐述中国共产党的科学意识。

一

关于科学目标的功利偏向，美国的中国科技政策专家萨特米

尔(Richard P. Suttmeier)曾对中国的科学发展目标有如下评论:

> 总的来说,新中国的科技目标是中国近百年来在现代化问题上努力奋斗的一个组成部分。在整个奋斗过程中,无论科学还是技术都是被当作目标看待的。但是,从更广泛的意义上来说,实现这个目标实质上还是为了功利主义的目的。①

他还把中国的功利主义的兴趣和目的概括为三种:为经济建设服务,为国防建设服务,为文化改造服务。他的这种评论应该说是符合实际的。在西方人眼里"功利主义"被看作一种眼光短浅的见识,但是共产党人不但不讳言,而且以革命的名义给以反驳。

早在 1942 年,在谈论文学艺术问题时,毛泽东就已对"功利主义"做出如下的论述:

> 我们的这种态度是不是功利主义的?唯物主义者并不一般地反对功利主义,但是反对封建阶级的、资产阶级的、小资产阶级的功利主义,反对那种口头上反对功利主义、实际上抱着最自私最短视的功利主义的伪善者。世界上没有什么超功利主义,在阶级社会里,不是这一阶级的功利主义,就是那一阶级的功利主义。我们是无产阶级的革命功利主义者,我们是以占全人口 90%以上的最广大群众的目前利益和将来利益的统一为出发点的,所以我们是以最广和最远为目标的革命功利主义者,而不是只看到局部和目前的狭隘的功利主义者。②

毛泽东的这种功利主义观并不是他个人的看法,而是中国共产党领导人一致的观点。下面我们摘引陕甘宁边区自然科学研究

① 理查德·P. 萨特米尔著,袁南生等译(1989),《科研与革命》,第 38～39 页,国防科技大学出版社,长沙,1989 年。

② 毛泽东(1942),《毛泽东选集》,第 3 卷,第 821 页,人民出版社,北京,1967 年。

院副院长徐特立(1877～1968)阐述研究院任务的有关段落：

我们的科学应该替抗战建国服务。无论是一般的研究，专门的研究，理论的研究和技术的研究，其总的任务只有一个：即在物质上加强和扩大我们的抗战建国力量。我们不是为科学而研究科学，不是企图在科学上争取地位造成特殊的科学家，因为目前还是处在全面战争时期，还是技术远落后于敌人的时期，还是处在后方区域狭小和文化经济落后的地区，财力，人力，一切经济力量还是十分赶不上抗战建国的需要。我们的国力同敌人对比，敌人是技术超过精神，我们是精神超过技术。我们的军事技术较七七事变开始时期虽已大大的提高，而生产运动虽已大大的注意，但达到应有的自给程度还很远。因此，我们对自然科学的研究，无论在高深的学理方面或粗浅的技术方面，总的任务是为着生产，为着解决抗战的物质问题。[1]

我们再听听陕甘宁边区自然科学研究会会长吴玉章(1878～1966)在边区参议会上的贺词的有关段落：

列宁说过：共产主义就是苏维埃加上电气化。我们也可以用同样的口吻说：新民主主义就是民主政治加上科学的新经济建设。现在世界的战争是科学的战争。德国法西斯利用德国高度发展的科学，不为人民谋幸福，专来制造杀人的利器。倾覆了欧洲14个国家，目前更猖狂地进攻着苏联。苏联红军之所以能够坚强地抵抗，进行持久战争，除了苏维埃人民坚强团结与英勇斗争所进行的正义的、神圣的、革命的战争外，还有苏联科学的发展与工业国防的强固。在这个基础上，虽然现在希特勒获得局部胜利，而苏联则将获得最后的胜利。因为苏联必能以进步

① 徐特立(1940)，怎样进行自然科学的研究，《中国文化》，第2卷(1940)，第4期。

的科学消灭以科学毁灭世界的法西斯野兽。

中国对日本法西斯的抗战业已4年多了,全国人民的团结与斗争,取得了目前的相持阶段,但是,实行反攻与最后击退敌人,没有民主政治与科学的发展是不可能的。现在我们除实行真正的民主政治外,必须加紧发展科学,才能自力更生,才能驱逐日寇出中国,才能得到真正的独立与解放,才能建立新民主主义的国家。①

这三位领导人的上述观点足以说明,共产党人是如何坚持其革命的功利主义。中华人民共和国成立后,在巩固取得的政权和发展经济、文化事业中,中国共产党的科技意识并未改变,延安时期的科技政策的基本精神,在建设中国科学院的事业中,得以充分地发展。中国科学院筹建之初就把办院方针规定为:有计划地利用现代科学成就以服务于工业、农业和国防建设,组织并指导全国的科学研究以提高我国的科学研究水平。

1950年6月14日,郭沫若(1892～1978)以中央人民政府政务院文教委员会主任的身份,发布了关于中国科学院基本任务的指示,明确指出我国科学工作的总方针:发展科学的思想以肃清落后的和反动的思想,培养健全的科学人才和国家建设人才,力求学术研究与实际需要密切配合,使科学能够真正服务于国家的工业、农业、国防建设、保健和人民的文化生活。

与苏联建国之初的苏联科学家大不相同,中国的科学家早就盼望有一个发展中国科学事业的和平环境,他们主动争取政府的领导,配合国家建设。1950年6月召开的中国科学院第一次院务会议,实质上是人民共和国的第一次全国科学大会。科学家们表示,他们不但愿意以科学报效国家,而且感到他们已有条件放大眼光、放大气

① 吴玉章(1941),在发展科学方面对于参议会的希望,《解放日报》,1941年11月底10日。

魄，计划中国的科学研究事业。

中央政府十分关心发挥科学的作用。1951年3月2日政务院总理周恩来(1898～1976)发出指示，要求政府各部的专业会议要邀请科学院派专人参加。3月5日又发出指示，要求科学院加强同产业、文教卫生和国防部门联系。1951年3月6日，中国科学院由李四光副院长主持，招待重工业部、轻工业部、燃料工业部、纺织工业部、华东工业部、东北工业部、中南工业部、西北工业部、西南工业部、地质工作部、计划指导委员会三十多位代表，向与会者介绍中国科学能做些什么，正在做什么，并希望他们提出配合国家建设的建议。1950年中国科学院已开始与院外进行合作，接受委托48项，1951年进行了更多项目的合作。中国科学院主动找国家财经委员会，请他们提出需要科学院解决的问题。1951年9月中国科学院举行第二次院务会议就讨论了国家财经委员会提出的8项亟待解决的问题：

1）钢铁质量的改进问题；

2）炭黑的制造及橡胶、牛皮和造纸木材等代用品问题；

3）度量衡问题；

4）土地改良与利用问题；

5）造林问题；

6）农林、畜牧、种植问题；

7）农作物虫害的防治问题；

8）植物病害的防治问题。

对上述所有问题，中国科学院与产业部门合作，以各种专业会的形式，进行了具体研究和落实。1953年。中共中央根据毛泽东的建议，提出过渡时期的总路线和总任务：在一个相当长的时期内，逐步实现国家的社会主义工业化，并逐步实现对农业、手工业和资本主义工商业的社会主义改造。中国科学院立即采取措施，为实现过渡时期的总任务而奋斗。

鉴于当时中国经济发展战略的重点是建设重工业，中国科学院特别关注球墨铸铁、耐火材料、有色金属等方面的研究并取得了成绩。在农业方面通过大规模的调查，中国科学院提出了治水防蝗的方案，实践证明它是有效的。中国科学院还充分发挥其综合研究的能力，对国家的自然条件和资源进行了单项或综合的调查。它包括自然资源调查、自然地理和经济地理调查、气象预报及海浪观测及地磁地震观测、植物资源调查、水生生物调查、综合考察。

中国科学院的作用及其初创期所取得的成就，在1956年中国科学院科学奖的获奖比上得到反映。1955年8月5日国务院通过的《中国科学院科学奖金暂行条例》。1956年颁发的中国科学院奖，奖励1949年以来在国内外完成的，在学术上有重大成就或对国民经济、文化发展具有重大意义的项目。获奖项目共34项，其中一等奖3名、二等奖5名、三等奖26名。中国科学院的获奖项目占总数的62%，获奖项目涉及面非常广，大多具有学术创造性又有经济意义。

1955年6月，第一届学部大会讨论通过了中国科学院第一个五年科学工作计划草案，其中的10个项目是：

1）原子能和平利用的研究；

2）配合新钢铁基地建设的研究；

3）液体燃料问题的研究；

4）重要工业地区地震研究；

5）配合流域规划与开发的调查研究；

6）华南热带植物资源的调查研究；

7）中国自然区划和经济区划的研究；

8）抗生素研究；

9）我国过渡时期国家建设中各种基本理论研究；

10）我国现代、现代史和近代、现代思想史研究。

这种情况反映了中国科学事业的实用偏向。这种功利的偏向，无疑有利于创造国力。但是，要求科学服务国家利益，必然使科学活动的范围受到限制，影响科学的自主运行。因此，对科学的功利要求与科学的自主发展规律相协调，并非总是能作得好的。科学活动的合作精神，在马克思主义者心目中属于共产主义精神。

二

毛泽东早在1930年代就把科学实验看作一种社会实践[①]。在社会主义条件下，发展科学不是少数科学家的个体事业。科学活动被完全纳入社会主义建设的全部过程之中，成为全国劳动者活动的一部分。社会任务成为科学活动的主要动机。社会主义社会要求个人融入社会，以个人对社会的物质和精神所做出的贡献评价他的劳动。科学家的科学活动成果应用于生产和社会生活的程度，其思想和工作与工农群众以及整个社会的思想和事业融合的程度，被看作是其觉悟和社会责任心的衡量标准。这种共产主义的道德准则与科学的国际性相一致，并且很适应20世纪中叶发展起来的大科学形势。

“大科学”(Big Science)是由普赖斯(D. Price)在1960年代作为理论概念提出来的[②]。大科学要求相应的上层建筑，不仅要有协调科学、技术、经济、政治和社会平衡发展的各种制度，而且也要有与它相适应的道德准则。社会主义制度决定了社会主义的科学事业是解决社会大问题的科学，而共产主义的道德准则也决定了与大科学相适应的集体主义道德原则。

1950年6月中国科学院召开第一次院务会议，国家领导人朱德(1889～1976)到会讲话。他在会议上告诫科学家说：

---

① 毛泽东(1937)，实践论，《毛泽东选集》，第1卷，第259～273页，人民出版社，北京，1967年。

② D. Price(1963), *Little Science, Big Science*, New York, 1963.

> 目前我们的任务是不分领域，通力合作，有重点有计划地配合国家经济建设的需要，进行各种专门研究，同时把过去那种不为人民利益着想的观念，彻底地改变过来，使科学成为服务于人民的而不是危害人民的知识。

中国的科学事业在“为人民服务”的口号指引下发展。抗生素研究是科学活动合作精神的第一个成功的典型。这是一项涉及微生物学、生物化学、化学、化工、医学及药学、农业、畜牧及兽医诸多领域的研究工作。为了这项研究工作的迅速完成，1952 年在上海成立了上海抗生素研究工作委员会，1955 年进而组成全国抗生素研究工作委员会。这个委员会的任务是：根据国家建设的要求及抗生素生产和研究方针，领导各单位制订好计划，推动检查抗生素研究工作，以便集中各种问题，使科学研究更好地为生产服务。参加这项工作的有中国科学院的药物研究所、有机化学研究所、植物生理研究所、菌种保藏委员会，还有工业部、卫生部的研究机构，高等学校及抗生素工厂的工程技术人员。委员会对青霉素、链霉素、氯霉素和金霉素四种重要抗生素研究和生产工作做出了严密部署，各单位通力合作，获得了成功。1952 年试生产青霉素 33 公斤，而到 1956 年已能生产 10 吨。1955 年 12 月 10 日，中国科学院召开全国抗生素学术会议，邀请苏联、波兰、罗马尼亚、保加利亚、蒙古、越南、日本、朝鲜、缅甸、印尼等国的科学家参加。

在 1950 年代，科学活动的合作精神主要表现为研究计划与经济发展协调。并且，在政策上，技术转移不计价值，研究机构的技术成果无偿地提供给生产部门。研究、创新主要由计划推动。计划不可能是十分周密的，除引起注意的重点领域外，生产中的种种需求并不都能得到满足。当国家领导人意识到计划科学的不足时，又增加一种“大众科学”来补充，发动工农群众搞技术革新。

科学活动的群众运动方式是中国共产党领导军队和战争经验

的一种推广。战争是最富合作精神的人类活动。人民革命战争的胜利鼓舞了这种合作精神的推广。战争经验的第一次推广是1940年代的延安大生产运动。毛泽东为我们留下了一篇讲话《组织起来》。他用"组织起来"这个口号发动大生产,解决抗日根据地的经济困难。他说:

> 把群众组织起来,把一切老百姓的力量、一切部队机关学校的力量、一切男女老少的全劳动力半劳动力,只要是可能的,就要毫无例外地动员起来,组织起来,成为一支劳动大军。[①]

中国共产党领导科学也采取了类似的方式。在"大跃进"和"文化大革命"时期发动了科学技术方面的群众运动。

"大跃进"和"文化大革命"中的大众科学运动被萨特米尔(R. P. Suttmerei)称之为"动员模式"。这种大众科学的目标有两个:一个是破除迷信,解放思想,使中国人民的智慧充分发挥出来,实现科学发现和技术创新的突破;另一个目标是克服苏联模式的专家路线偏向,倡导工人农民参与科研和创新技术,拓宽科学技术的参与基础,实现科技专家与群众结合。在"大跃进"的年代,在"破除迷信、解放思想"的口号激励下,科学家开辟新的科学领域,攀登科学高峰。成功地合成牛胰岛素的工作就是在大跃进年代开始的。但是,许多反科学精神的行为也带来不小的破坏作用。在"文化大革命"期间,拆散研究机构,批斗科学技术专家,严重地破坏了中国的科学事业,伤害了知识分子的感情。

中国科学家对各种形式的科学合作有特殊的适应能力。这是有其传统文化背景的。李约瑟把中国的合作精神看作"肯定将对

---

① 毛泽东(1943),组织起来,《毛泽东选集》,第3卷,第931页,人民出版社,北京,1967年。

世界其他地区有很大影响非常中国式的特点”①。在讲述这种合作精神时，他提到墨翟（战国时期人）关于“蚂蚁式的进攻”，并且对能集中千万人合作挖运河、建机场感到惊奇。在他看来西方竞争的个人主义只能导致异化，而中国的扩大了的家庭、行会和秘密社会中的兄弟般的关系将有利于世界的和平友好。

三

科学思想的唯物主义是马克思主义者所反复强调的。毛泽东有名的断言说：

> 自有阶级的社会存在以来，世界上的知识只有两门，一门叫做生产斗争知识，一门叫做阶级斗争知识。自然科学、社会科学，就是这两门知识的结晶，哲学则是关于自然知识和社会知识的概括和总结。②

这是对马克思和恩格斯有关思想的一种概括。科学作为系统知识和理论体系，它的获得总是以一定的世界观和方法论为基础的。因为在阶级社会里的世界观被看作是阶级斗争在人们思想中的系统化了的集中表现，所以科学思想也就被打上阶级的烙印。阶级斗争通过世界观和方法论影响科学思想，而这种影响对科学发展的作用或是促进的或是阻碍的。唯心论哲学对科学起阻碍作用，而辩证唯物论哲学不但能帮助科学家正确认识现代科学的全部成果而且还能指出正确的前进方向。正是基于这种认识，社会主义国家都要求科学家用辩证唯物论的哲学思想去发展科学。

世界上第一个社会主义国家苏联建国初期的十多年中，党和

---

① 李约瑟（1975），历史与对人的估价——中国人的科学技术观，《李约瑟文集》，第309～354页，潘吉星编，辽宁科学技术出版社，沈阳，1986年。

② 毛泽东（1942），整顿党的作风，《毛泽东选集》，第3卷，第769～787页，人民出版社，北京，1967年。

国家领导科学事业的企图遇到很大的困难。一方面，1917年成立的无产阶级文化协会宣传自然科学有阶级性，要对自然科学进行无产阶级的改造，实现科学的无产阶级化。另一方面，科学界对科学为社会主义建设服务和有计划地发展科学的方针表示冷淡甚至拒绝。列宁(BΛадимир ИΛbич УΛbянов ΛéНиН，1870～1924)一方面设立社会主义社会科学院(1926年改名共产主义学院)，另一方面对无产阶级文化派的错误给予严肃的批评。1920年列宁及时地批评了无产阶级文化派，使它很快失去影响。以后，又于1922年发表《论战斗的唯物主义》，号召"彻底的唯物主义者"和"现代自然科学家"结成联盟，同唯心主义战斗。他强调：

> 任何自然科学，任何唯物主义，如果没有充分可靠的哲学论据，是无法对资产阶级思想的侵袭和资产阶级世界观的复辟坚持斗争的。为了坚持这个斗争，为了把它进行到底并取得完全胜利，自然科学家就应该作一个现代的唯物主义者，作一个以马克思为代表的唯物主义的自觉信徒，也就是说应该作一个辩证唯物主义者。

1920年代的苏联发生了机械论学派和辩证法学派的争论。在这场争论中以阿·季米里亚捷夫和德波林为代表的辩证法派，在批判机械论中发动了对苏联自然科学家的第一次批判。接着而来的是1930年前后和1948年前后的两次批判运动。从1929年开始的反德波林派的斗争，把列宁的哲学党性原则推广为自然科学的党性原则，提出"为科学的布尔什维克化而斗争"的口号。批判各门自然科学中的唯心主义和改造苏联科学院结合进行，共产主义学院自然科学部的杂志《自然科学与马克思主义》也易名为《争取马克思列宁主义的自然科学》。虽然1932年纠正了这种贴标签式的批判，但是随着1947年以民族沙文主义反对所谓"世界主义"的斗争，又对自然科学进行了粗暴的哲学批判。魏尔肖的细胞学说、魏斯曼、孟德尔、摩尔根的遗传学、哥本哈根学派的量子力学观点、鲍林的化学共振论以及控制论和数理逻辑都遭到批判。尤为严重的是 1948 年全苏列宁农业科学院会议，在斯大林（И. В. Сталин，1879～1953）的干预下，肯定了李森科为代表的一派是唯一正确的，摩尔根派是反动的、唯心主义的。

中国共产党在取得全国政权之前，就已在科学家中宣传马克思主义的自然观和科学观。一些马克思主义学术工作者翻译出版了恩格斯和列宁的有关著作。1930 年，上海昆仑出版社出版了由钱铁如翻译的恩格斯的著作《反杜林论》，上海明日书店和辛垦书店出版了由笛秋（即陈韶奏）和朱铁笙翻译的列宁的著作《唯物论与经验批判论》；1932 年，上海神州出版社出版了由杜畏之翻译的恩格斯的著作《自然辩证法》。1930 年在上海成立的中国社会科学家联盟就秘密地在青年科学家中宣传马克思主义的自然观。在抗日战争时期的重庆、上海都建立了学习自然辩证法的专门组织。在延安中国共产党中央一方面领导人民抗日，一方面在为抗战后的建国做准备。就自然科学方面的准备说，自然科学研究院和自然科学研究会是共产党领导科学事业的最初实践。

毛泽东强调“自然科学要在社会科学指挥下去改造自然界”[①]。八路军总司令朱德（1886～1976）说：“马列主义乃是一切科学的最高成果，它的世界观，它的方法论，当然也适用于一切科学。掌握了它可使一切科学得到新的发展。”[②]。自然科学院院长徐特立说：“我们提出科学化的口号，并不是说中国没有自然科学或缺少某种自然科学而提倡学习科学，而是要把教条化的、神秘化的、庸俗化

---

① 毛泽东（1940），在边区自然科学研究会成立大会上的讲话，《新中华报》，1940 年 3 月 15 日。

② 朱德（1941），把科学与战争结合起来，《解放日报》，1941 年 8 月 3 日。

科学转化为辩证唯物论的科学。"[①]

中国共产党领导人的这些思想，在中华人民共和国成立后，通过党的机关和干部以及政府的各种组织，灌输给广大干部和科学技术专家。通过大规模的马克思主义学习运动和知识分子思想改造运动，坚持马克思主义哲学指导科学研究的思想不断明确。1950年著名古人类学家裴文(1904～1982)中发表文章说："历史唯物主义和辩证唯物主义能够帮助自然科学家的学识更进一步，能够解决问题。"[②]。1951年，在庆祝中国共产党成立三十周年大会上，中国科联主席李四光号召广大科学工作者"要掌握马列主义，尤其要了解唯物辩证法"[③]。毛泽东的《实践论》和《矛盾论》重新发表，各印几十万册，在广大干部和科学工作者中掀起学习马列主义哲学的热潮。数学家华罗庚(1910～1985)和许宝騄(1910～1971)，地质学家张文佑(1909～1985)、伊赞勋(1902～1984)和杨钟健(1897～1979)，生物学家伍献文(1900～1985)，考古学家夏鼐(1910～1985)等发表学习马列主义哲学的体会。[④]

在全面学习苏联的几年里，苏联批判自然科学唯心主义的做法，通过苏联专家和翻译文章引进中国。在这个过程中，苏联那种以辩证唯物论哲学批判遗传学、控制论、化学共振论、相对论和量子力学等新科学的教条主义错误，也在中国泛波一时。其中最严重的影响表现在遗传学问题上。

李森科1948年在全苏列宁农业科学院会议上的报告《论生物学状况》被李何、独伊译成中文，由天下图书公司于1949年8月出版。1949年10月10日，苏联莫斯科季米里亚席夫农业科学院院

---

① 徐特立(1940)，怎样进行自然科学研究，《中国文化》，第2卷，第4期，1940年底12月25日。

② 裴文中(1950)，学习自然科学是否要学习马列主义，《中国青年》，1950年，第31期。

③ 《人民日报》，1951年7月2日。

④ 见《科学通报》，1952年，第7期。

长斯托列托夫,应邀在中法大学作"生物科学论战"主题演讲,介绍生物科学中米丘林和摩尔根路线的分歧和斗争。1949年12月北京农业大学成立,米丘林派的乐天宇(1901～1984)任校务委员会主任。1950年2月中旬在北京农业大学举行会议,成立了米丘林学会,乐天宇当选理事长。1952年6月29日《人民日报》发表《为坚持生物学的米丘林方向而斗争》的文章,把米丘林生物学说成是马克思主义的,而摩尔根遗传学是唯心主义的,号召用米丘林生物学彻底改造生物学各部门。尽管这时的苏联已经开始批评李森科的错误,但中国的某些人还是迷途不知返。胡先骕抵制李森科主义的正确意见,被作为鼓吹唯心主义、诋毁苏联、反对党领导科学而受到批判[①]。鲍文奎(1916～)的成效显著的多倍体育种研究,因为与米丘林学说冲突而被终止[②]。摩尔根遗传学的教学被停止,以摩尔根学派理论为指导的研究也被迫停顿。这种教条主义在毛泽东1956年提出科学上百家争鸣的方针后才得以改变,但以后又时有复现。

---

① 蒋世和(1990),"米丘林学说"在中国,《自然辩证法通讯》,第12卷(1990),第1期,第18～25页。

② 于有彬(1979),鲍文奎——绿色的目标,自然辩证法研究,第1卷(1979),第3期,第85～93页。

第3章

从国防到经济的动力转变

前两章分别讨论了中国现代科学技术的启蒙和体制形成问题，这章将要讨论的是有关中国科学技术的现代发展问题。这一历史时期科学技术发展的特征，与启蒙期的心态转变和形成期的模式转变不同，它表现为动力的转变，即发展科学技术的动力从国防到经济的转变。这一转变是以“文化大革命”的失败为契机实现的，但其肇端可追溯到1956年开始的为摆脱苏联模式所进行的种种探索，经过种种挫折和失败的教训，在军事抗衡向经济竞争转变的国际背景下，促成中国领导层的思想从“政治经济”模式向“技术经济”模式转变。从而形成科技发展动力从国防向经济的转变。

现代工业革命开始以来，军事技术的优先发展是一种社会现象。进入20世纪以来，技术与战争的关系发生了历史性的转折。直到19世纪末，政府可利用的军事技术都是和平时期个人的发明，而在20世纪军事技术的进步都是在战争期间取得的。科学为战争服务成为一种国家体制。第一次世界大战期间，交战双方的科学家在爱国主义的支配下，被全面动员起来。第二次世界大战在很大程度上是科学技术之战。第二次世界大战后的核军备竞赛推动了高技术的发展，迎来了“大科学”时代。刘戟锋[①]曾经对历史上的重大技术发明作了一个分类统计，以数字表明重大技术发明比重分布军事技术居首。

技术发明分布 （单位：项）

军事技术	84
民用技术	81
农牧渔业生产技术	27
医疗卫生技术	17
日常生活技术	54
科学实验技术	40
文化传播技术	25
总计	328

人民政府成立，国民政府携六十万军队退守海岛台湾。由于社会主义和资本主义两大体系对立的局面，开初多为社会主义阵营各国同新生的人民共和国建交。自 1949 年 10 月 2 日中苏建交起，一年内有保加利亚、罗马尼亚、匈牙利、朝鲜、捷克斯洛伐克、波兰、蒙古、民主德国、阿尔巴尼亚、缅甸、印度、越南、丹麦、瑞典、瑞士、印度尼西亚等十七国相继同新中国建立了外交关系。一向支持国民政府的美国 1949 年 10 月 4 日声明，它只承认国民政府为合法政府，资本主义阵营各国也多随之保留同败退台湾的国民政府的旧有关系。1950 年 6 月 25 日朝鲜内战爆发。朝鲜内战爆发的第三天，美国在宣布武装援助南朝鲜的同时，命令其海军第 7 舰队开入台湾海峡侵犯中国领土。作为“绸缪之计”中国政府作出《关于保卫东北边防的决定》，迅速调集二十多万野战军组成东北边防军。9 月 15 日美军在仁川登陆并迅速向朝中边境推进，10 月 19 日中国人民志愿军赴朝参战。为此中国消耗了 560 万吨各种物资，开支军费 60 万亿人民币（旧币），牺牲 36 万人。

① 刘戟锋（1991）《军事技术论》，第 74～77 页，兵器工业出版社，1991 年。

在以美国为首的资本主义国家经济封锁和军事包围的严峻形势下，为了国家的安全，中国不得不耗费巨额军费。第一个五年计划期间，中国的军费开支占国家预算支出的24%。1954年、1955年台湾海峡局势紧张，1956年初，在酝酿编制第二个五年计划时和十五年长远规划时，曾一度设想在1961年达到满足战时最大需要量的国防工业目标。按照这个目标，要求1956年到1959年，每年必须建设五十个大型国防工业工厂。1960年代，中苏两国共产党的意识形态争论导致国家关系的紧张和边防武装对峙。在美苏两国核威胁的冷战国际形势下，被孤立于两个阵营之外的中国，有一点核武器对于独立自主地走自己的社会主义道路有至关重要的作用。对于工业落后、科学很不发达的中国，这绝非易事，不得不下极大的决心集中财力、物力和人力发展国防科技。这种惊人的努力出乎许多国家的预料而成功了。到1970年中国有了自己的核弹、火箭和卫星。世界各国不得不另眼相看。1970年夏美国总统下令第7舰队停止巡逻台湾海峡，1971年夏美国总统助理基辛格(Henry Alfred Kissinger，1923～　)秘密访华。1971年10月中华人民共和国取代中华民国在联合国的席位。1972年2月美国总统尼克松(Richard Milhous Nixon，1913～1994)访华，发表"上海公报"。1970～1972年，包括日本和联邦德国在内的41个国家同中华人民共和国建交。

有所得必有所失。与对国防建设的贡献相比，中国科技对经济发展的作用则显得大为逊色。在发展生产方面，国家领导层主要关注点长期放在调整生产关系上，科技转化为生产力一直未被真正提到议事日程上来。技术进步对经济增长的贡献比重过小，已经成为经济继续增长的主要障碍。与大陆相比，在美国庇护下与大陆分离的台湾省则另是一种情景。

在人民共和国只得到苏联约合3亿美元的贷款和技术支援下而恢复和发展其经济的同时，美国对蒋介石政权给予了优厚得多的支持。除了军援外，1951～1965 年还有总值约达 15 亿美元的经济援助。台湾与大陆差不多同时在 1952 年使经济恢复到战前水平，并且在大陆开始第一个五年计划的同时，1953 年台湾也实施第一期四年计划。大陆在 1955 年提前完成第一个五年计划的主要指标，使工业总产值超过农业总产值，而台湾到 1963 年第三期四年计划完成时也达到工业超过农业的程度。

在经济得到恢复和初步发展条件下，科学文化事业的有计划发展提到日程上来。在发展教育和科学方面大陆领先而台湾稍晚。大陆在 1952 年进行了高等院校的全面调整，1950 年代中期，台湾在原台湾大学之外又通过专科学校升格和新设立了几所公立和私立大学，并从 1956 年开始招收博士生。大陆在 1956 年开始执行全面发展科学技术的十二年规划。台湾的科学事业也差不多同时起步，1954 年设立科学教育委员会和原子能委员会，1955 年恢复了中央研究院，1959 年制订了长期发展科学计划纲要。

1960 年代初，在大陆陷入经济危机之时，台湾开始经济“起飞”。中美“上海公报”发表后，台湾不仅政治处境困难，受石油危机的影响 1973 年又出现经济上的四大“瓶颈”：资源瓶颈、基建瓶颈、技术劳力瓶颈和外销市场瓶颈。

台湾当局为解决这些问题制订了《六年经济建设计划》(1976～1981)，列入这个计划之内的中山高速公路、西线铁路电气化、北回铁路、台中港、苏澳港、桃园国际机场、高雄钢厂、高雄造船厂、林园石化厂和核电站等“十项建设”以及后续加的“十二项建设”的实施和新竹科学工业园区的建设，使台湾的工业走向资本和技术密集型结构。

“文化大革命”结束的 1976 年大陆国民经济濒临崩溃的边缘。但是，由于国际环境的和平和国内政局的稳定，有条件开始“拨乱反正”了。次年中共第十一次代表大会正式宣布“文化大革命”结束。1978 年 12 月 16 日中美两国正式建交。同月 18～22 日中共十一届三中全会确立了以发展经济建设为中心的战略思想和改革开放的方针，邓小平（1904～1997）强调"科学技术是生产力"。1981年又宣布了"科学技术面向经济"和"经济依靠科学技术"的新方针。

与此同时，对台湾也采取了新的政策。1979年元旦全国人大常委会发表《告台湾同胞书》，提出尊重台湾现状，实现台湾与大陆和平统一。1981年8月26日邓小平同台湾、香港知名人士傅朝枢谈话，提出对台湾政策的"一国两制"原则。1987年10月14日台湾当局宣布开放赴大陆探亲。1988年3月14日中华人民共和国最高人民法院、最高人民检察院宣布不再追诉去台人员过去的罪行。同年7月16日国务院又宣布鼓励台湾同胞来大陆投资。遂海峡两岸人民经济贸易和科学文化的交流与合作渐增。

摆脱苏联模式的探索

在国共两党的几十年斗争中，中国共产党最终取代国民党执掌全国政权，重要原因之一是，在指导思想上摆脱了第三国际的教条主义控制。在中华人民共和国成立之后，一度曾有点盲目地学习苏联。到1956年，一方面苏联的社会主义模式的弊端，已在苏联和东欧社会主义国家中尖锐地暴露出来；另一方面，中国盲目学习苏联的某些不良后果也已显露。于是毛泽东开始思考适合中国的社会主义模式，他的1956年《论十大关系》就是这种思考的结果。1956年2月～3月他用了一个半月的时间听取了三十四个工作部门的报告，对比苏联的失误而提出正确处理社会主义建设时期各种矛盾的尝试。1956年4月25日，在各省、市、自治区党委书记参加的中共中央政治局扩大会议上，毛泽东发表了这个讲话。他力图摆脱苏联模式，在报告的开头就明确提出：

> 最近苏联方面暴露了他们在建设社会主义过程中的一些

缺点和错误，他们走过的弯路，你还想走？过去我们就是鉴于他们的经验教训，少走了些弯路，现在当然更要引以为戒。

摆脱苏联模式的探索的肇始，集中表现在中共中央主席毛泽东提出建设社会主义的“十大关系”和一系列的新方针，并落实为中国共产党第八次全国代表大会确定的政治路线。八大关于政治报告的决议确认，在国内无产阶级和资产阶级的矛盾已经基本解决，主要矛盾转变为人民对经济文化迅速发展的要求同落后的社会生产力之间的矛盾。经过“反右运动”、“大跃进”和“文化大革命”的挫折和失败，在新的起点上回到“八大”路线，形成“改革开放”的新局面。这种探索在科学文化领域表现为，“百花齐放，百家争鸣”方针的提出、发展科学技术十二年规划的制定和“以我为主，迎头赶上”战略的确立。

一

“百花齐放，百家争鸣”方针的提出，从摆脱苏联模式的视角看，它是针对苏联学术批评粗暴作风的影响和教条主义、宗派主义、形式主义危害的。特别是在生物学界，推崇一种学派、压制另一种学派现象比较严重。苏联的米丘林—李森科学派的学说被说成是“社会主义”的，强行推崇；而西方的孟德尔—摩尔根学派的学说被说成是“资本主义”的，强行禁止。在文艺界，对待不同流派也有类似的问题。

“百花齐放，百家争鸣”的方针是在讨论《论十大关系》的一次政治局会议上由毛泽东首先提出的。早在1951年，他为中国戏曲研究院成立题祠就写下了“百花齐放，推陈出新”。1953年，中国历史研究委员会成立，该委员会主任陈伯达请示研究方针，毛泽东说，要“百家争鸣”。1955年底，第一个五年计划基本完成，农业合作化和工商业的社会主义改造进入高潮。在社会生产关系方面的革命基本结束之际，工作重点开始向发展生产力的方面转移。如何对待知识分子问题已成为重要议题。1955 年 11 月 23 日，毛泽东召集中央书记处会议，讨论召开全面解决知识分子问题的会议。1956 年 1 月 14 日至 20 日，由国务院总理周恩来主持召开了知识分子问题会议。周恩来代表党中央作了关于知识分子政策的报告并发出“向科学进军”的号召。1956 年 2 月苏共召开第二十次代表大会，赫鲁晓夫(1893～1971)的报告揭开非斯大林化的序幕。苏联的非斯大林化又在东欧引发了波兰和匈牙利事件。中国共产党力图在这场国际台风中稳住阵脚，独立发展适合中国的社会主义道路。1956 年 4 月，毛泽东在中共中央政治局扩大会议上论述中国社会主义革命和社会主义建设的“十大关系”，并且提出“百花齐放”和“百家争鸣”作为繁荣艺术和发展科学的方针。1956 年 9 月召开的中国共产党第八次全国代表大会确认了，中国国内的主要矛盾不再是工人阶级和资产阶级的矛盾，而是人民对经济文化的需要同当前经济文化不能满足人民需要的状况之间的矛盾，党的任务已经由解放生产力变为保护生产力。“双百”被写入大会的文件。

1956 年 4 月 28 日毛泽东在政治局扩大会议上的讲话初次提到发展科学的“百家争鸣”方针后，接着于 5 月 2 日，在最高国务会议上讲“十大关系”时正式宣布了艺术方面的百花齐放方针，学术方面的百家争鸣方针。他说：“百花齐放是文艺界提出的，后来有人要我写几个字，我就写了‘百花齐放，推陈出新’……百家争鸣是诸子百家，春秋战国时代，二千年前的那个时候，有许多学说，大家自由争论，现在我们也需要这个。”毛泽东有关“双百”方针的讲话，由当时的中共中央宣传部部长陆定一(1906～1996)和中国科学院院长、中国文学艺术联合会主席郭沫若，传达给公众并作出解释。

1956 年 5 月 26 日，陆定一在中南海怀仁堂作“百花齐放，百家争鸣”的报告。这个报告阐述了，为什么要提出这个方针，这个方针意味着什么，并分别就文学与艺术、哲学与社会科学、医学与自然科学的特点进行了分析。按照陆定一的解释，提出“百花齐放，百家争鸣”的方针的目的是“繁荣文学艺术和科学事业”，这个方针意味着“在文学艺术和科学研究方面拥有独立思考、互相争论和创造性工作的自由、发表意见的自由、坚持和保留自己看法的自由”。陆定一强调，他所说的自由是人民的自由，而不是反革命分子的自由。在人民内部他又区别了两类问题。一类是无可争辩的政治问题，如热爱祖国和拥护社会主义；另一类是允许争论的思想问题，如唯心论和唯物论等。在谈到自然科学的特点时他坚持认为，自然科学不具有阶级性，因而其中任何一门分支学科都不能被冠以“封建主义的、资本主义的或社会主义的”，相应地，无论正统观点或非正统观点都不得视为政治上的异端邪说。

郭沫若对“百家争鸣”作出独特而又形象的解释。1956 年 7 月 1 日的《人民日报》刊载了他的题为《演奏出雄壮的交响乐》的文章。他把“百家争鸣”比喻为统一指挥下的大合唱：

> 百家争鸣的主题是社会主义建设和最终向共产主义迈进，我们的交响乐要围绕这个主题演奏出史无前例的雄壮乐曲来，不论千支万支乐器如何独奏或合奏，总得按照旋律演奏。

当时的中国科学界，尽管对“百家争鸣”的理解是不一致的，但是普遍采取了欢迎的态度。

“百家争鸣”方针的第一次示范性的实践是 1956 年夏天的遗传学座谈会。1956 年 8 月 10 日至 25 日，中国科学院和高等教育部联合召开了青岛遗传学座谈会。中国生物学界的米丘林派和摩尔根派遗传学家聚集一堂，就遗传物质基础、遗传变异与环境的关系、遗传与个体发育、遗传与系统发育、遗传学研究工作、遗传学教学工作进行了讨论。科学出版社在 1957 年 4 月为这次会议出版了一个专集《遗传学座谈会发言记录》。从历史研究的眼光看，这个专集是有缺陷的。1985 年，科学史家李佩珊(1924～2004)以《百家争鸣——发展科学的必由之路》为题，重编了这个专集。这个新版增加了上一版未载的于光远(1915～　)在座谈会上阐述百家争鸣和遗传学哲学问题的两次发言。此外，于光远为这个新版所作的序言以及其他辅助资料都很有历史价值。

于光远的序言[①]对理解这次会议的历史意义提供了更深的背景。按于光远的说法，青岛遗传学座谈会企图以一种与苏联 1948 年全苏列宁农业科学院会议完全不同的指导思想来开。两个会议主题目相同，人数也恰好相等，并且都作了详细记录。于光远说，只要一比较就可以看出两者的原则不同。苏联 1948 年的会议不是真正的科学讨论会，而是事先有所准备的借科学讨论之名进行的"批判会"。而青岛遗传学座谈会则不同，学术思想严重分歧的两派坐在一起，平心静气地讨论。他认为，这次会议证明了毛泽东的一个论断：百家争鸣是科学发展的必由之路。

在这次座谈会上，于光远以中共中央宣传部科学处处长的身份发表了两次讲话。第一次是 8 月 10 日，讲百家争鸣方针。他先宣布这次会议是"真正"百家争鸣的开始。他对"开放唯心论"作了解释，说这个方针表明"学术自由的尺度"，连唯心论都可以讲，别的学术观点就更不用限制了。在谈到学术与政治的关系时，他说："学术上有自由，政治上也是有自由的。谈学术问题不联系政治是不可能的。""百家争鸣是扩大自由。"第二次是 8 月 20 日，讲生物学中的哲学问题。首先，他针对苏联马克西莫夫对爱因斯坦相对论的哲学批判说："我们宁要一个爱因斯坦，而不要一百个这样的哲学家。"在谈到哲学与科学的关系时，他说："哲学不是科学的科学……马克思主义哲学不是站在科学之上的东西……不应该站在

① 李佩珊等编(1989)，《百家争鸣——发展科学的必由之路》，商务印书馆，北京，1985 年。

自然科学之上向自然科学发号施令。”他还说：“我们提倡辩证唯物论，但是不赞成给某一科学学派、某一科学观点随便扣上一个唯心论或形而上学的帽子。我认为随便给人扣帽子的人就不是什么好哲学家。”

青岛遗传学会议作为贯彻“百家争鸣”方针的示范会议，的确对于克服学习苏联中的教条主义毛病起到了它的历史作用。科学家们怀着“感激和兴奋的心情”迎接“百家争鸣”这个口号[①]。1957 年 3 月由人民出版社出版的，许良英和范岱年合著的《科学和我国社会主义建设》专辟一章讨论“百家争鸣”方针。这里有当时中国科学界对“百家争鸣”方针集中的反映。他们写道：

> “百家争鸣”的方针，就是自觉地为未来历史开辟道路，它约束着那些可能扼杀新生力量的“传统的”习惯势力，保障着每一个合于科学利益的新思想都可以有自己光明宽广的场所。[②]

许良英(1920～　)和范岱年(1926～　)从科学的发展史阐明这个政策的正确性，他们预料这个正确的政策将会带来中国科学事业的繁荣。他们强调“实践是检验真理的唯一标准”，指出“科学中的党性原则”之类教条的危害，他们不同意把“百家争鸣”理解为“合唱”。

毛泽东本人很注意知识分子对“百家争鸣”方针的反响。1957 年 4 月 29 日，《光明日报》发表了北京大学生物学教授李汝祺(1895～1991)的文章，题为《从遗传学谈百家争鸣》。文中谈到：

> 既然是百家争鸣，就不能一家独鸣。在过去我们学习苏

① 方宗熙(1956)，参加遗传学座谈会的一些体会，《生物学通报》，1956 年 10 月号。

② 许良英和范岱年(1957)，《科学和我国社会主义建设》，第 132 页，人民出版社，北京，1957 年。

联的过程中，如果说我们犯了一点形式主义和教条主义，那就是只许一家独鸣。这在遗传学方面表现最为突出，其后果如何是大家所熟悉的，一家独鸣只能引起思想僵化。

毛泽东看到李汝祺的文章之后，指示《人民日报》转载，并亲自写了编者按语：

> 这篇文章载在4月29日的《光明日报》，我们将原题改为副题，替作者换了一个肯定的题目，表示我们赞成这篇文章。我们欢迎对错误的彻底批判（一切真正错误的思想和措施都应批判干净），同时提出恰当的建设性意见来。

于是李汝祺的这篇文章，以毛泽东所改的主题《发展科学的必由之路》，与中共中央关于整风的指示一起刊载在1957年5月1日的《人民日报》上。二十六年之后的1983年，中共中央文献研究室副主任龚育之（1929～　）撰文[①]说："发展科学的必由之路"——这是对百家争鸣方针的深刻阐述，也是对科学发展规律的概括。至今人们还怀念青岛遗传学座谈会。1985年李佩珊作出如下评论：

> 青岛遗传学座谈会对我国整个学术界贯彻百家争鸣方针起了推动作用。首先是自然科学中的一些其他学科开始摆脱过去几年"学习苏联"中带来的不良影响，如不恰当地把巴甫洛夫学说抬高到医学和治疗工作中统治一切的地位，批判微耳和细胞病理学，批判有机化学中的共振论，批判量子力学中的唯心主义等等。在这些问题上，本来就有不少人持有异议，认为不能简单地否定在科学史上占有重要地位的一些成就，更不能轻易地给扣上唯心主义、形而上学等帽子。青岛遗传

---

① 龚育之（1983），"发展科学的必由之路"——介绍毛泽东同志为转载《从遗传学谈百家争鸣》一文而写的一封信和一个按语，《科学学研究》，第1卷（1983），第1期，第3～4页。

学座谈会进一步使科学家们解除了顾虑，敢于把不同的见解发表出来。这个座谈会还向学术界表明，即使像遗传学界存在着如此对立的两大派，只要认真贯彻百家争鸣的方针，也可以创造出良好的自由讨论气氛。总之，百家争鸣方针通过青岛座谈会的典型示范，显示了巨大的威力，鼓舞着我国广大科学工作者发挥积极性和主动性，敢于为追求和坚持科学真理而独立思考，从而有利于深入讨论科学问题，促进学术的繁荣和科学的进步。①

对于"百家争鸣"方针，中国科学界以感激和兴奋的心情迎接了这个可以引起对春秋战国时期学术繁荣景象许多美好回忆的口号。1956年夏天召开的青岛遗传学座谈会，为贯彻"百家争鸣"方针作出了示范。但是，它的实行却一次又一次地被政治运动所打断。1957年夏天的反右派运动使"百家争鸣"方针受到严重挫折。1961年夏天国家主席、中共中央副主席刘少奇(1898～1969)重申"百家争鸣"方针，1962年春天国务院副总理陈毅(1901～1972)给知识分子"脱帽"(脱"资产阶级"知识分子之帽)、"加冕"(加"劳动人民"知识分子之冕)，沉闷的气氛有所改变。但是，1966年开始的十年"文化大革命"又把许多有成就的科学家作为资产阶级反动权威批斗。1978年春天全国科学大会召开，中共中央主席华国锋(1921～)号召提高全民族的科学文化水平，副总理邓小平强调科学技术是生产力，国家科委主任方毅(1916～1998)重申"百家争鸣"方针，年迈的中国科学院院长郭沫若呼唤"科学的春天"。曾任国务院副总理的薄一波(1908～2007)。在回忆实行"百家争鸣"方针的挫折时，对于广大知识分子的报国之忧和工作积极性受到不

① 李佩珊、孟庆哲、黄青禾和黄舜娥(1985)，青岛遗传学座谈会的历史背景和基本经验，《百家争鸣——发展科学的必由之路》，第1～17页，商务印书馆，北京，1985年。

应有的打击深有感触地说："这个历史教训太深重了"[①]。

1978年以来，知识分子的科学研究受到空前的尊重。虽然"百家争鸣"方针执行过程中的风风雨雨已经成为历史研究的对象，但是，那些身心都受了严重伤害的当事人仍然记忆犹新。"百家争鸣"方针是科学发展的必由之路。但是只有很好地注意科学规范与社会规范的协调、科学意识与非科学意识的矛盾，它才能有效地促进科学的发展。

二

在1956年1月14日至20日召开的关于知识分子问题的中央会议上，国务院总理周恩来提出"向科学进军"的号召，并建议由国家计委负责、会同有关部门制定1956～1967年科学技术发展的远景规划。中央确定由周恩来亲自挂帅领导这项工作。

1956年2月24日中共中央政治局批准成立国务院科学规划委员会，主任委员是国务院副总理陈毅、副主任委员有中国科学院院长郭沫若、地质部部长李四光、国家经委主任薄一波、国家计委主任李富春(1900～1975)，张劲夫(1914～　)任秘书长。有计划地发展科学技术，是摆脱苏联模式、探索适合中国国情的社会主义道路整套部署的一个有机部分。周恩来强调"科学是关系到我们的国防、经济和文化各方面的决定性的因素"，认为人类正处于新的科学技术和工业革命的前夕，指出已经被远远抛在后面的中国必须急起直追。

毛泽东在1956年8月24日同音乐工作者的谈话中，表达了他对中国科学家独创性地发展科学的期望：

---

① 薄一波(1990)，《若干重大决策与事件的回顾》，第20章"向科学进军的两项重大部署"，求实出版社，北京，1990年。

> 学习外国的东西，是为了研究和发展中国的东西。就这一点来说，自然科学和社会科学是一样的。一切外国的好东西，我们都要学，学好了就要在运用中加以发展。在自然科学方面，我们也要作独创性的努力，并且要用现代外国的科学知识和科学方法来整理中国的科学遗产，直到形成中国自己的学派。

在中国提倡由国家推动有计划地发展科学者首推胡适。1947年9月28日《独立时论》上发表了他的文章《争取学术独立的十年计划》。胡适所追求的"学术独立"即中国在科学研究方面自立。他认为这要有四个条件：

> （一）世界学术的基本训练，中国应该有大学可以充分担负，不必向外国寻求。（二）受了基本训练的人才，在国内应该有设备够用与师资良好的地方，可以继续作专门的科学研究。（三）本国需要解决的科学问题、工业问题、医药与公共卫生问题、国防工业问题等等，在国内都应该有适宜的专门人才与研究机关可以帮助社会国家寻求解决。（四）对于现代世界的学术，本国的学人与研究机关应该能和世界各国的学人与研究机关分工合作，共同担负人类与学术进展的责任。

他主张有重点地发展科学事业，要求政府严格实行宪法第164条关于教育科学文化经费之规定，十年内不再增设大学，头五年先大力培植五所大学，后五年再以同样大的力量培植另外五所大学，发展他们的研究所。历史作出了一个讽刺性的结论，反共的胡适之推动科学发展的理想①却是由中国共产党首先实施的。

---

① 在发表《争取学术独立的十年计划》之前，1947年8月1日，胡适在北平中央广播电台发表题为"目前世界文化的趋向"的广播讲话，把"科学"、"社会化经济"和"民主政治"作为"世界文化共同的理想目标"，反对"一个代表劳农阶级的少数党专政"。

制定科学发展远景规划是一项从未作过的新工作。中央调集了六百名各门类的中国科学技术专家,除中国科学院院长的苏联顾问拉札连科外,还邀请十六名苏联专家来华做短期讲学,介绍世界的科学水平和发展趋向。这个远景规划不仅依据科学本身的发展规律,还要考虑国民经济各部门的具体要求,配合发展国民经济的第二、第三个五年计划和十二年农业发展纲要。

1956年11月,国务院副总理聂荣臻(1899～1992)接替陈毅任科学规划委员会主任。11月25日,毛泽东在最高国务会议上说:"我国人民应该有远大的规划,要在几十年内,努力改变我国在经济上和科学文化上的落后状况,迅速达到世界上的先进水平。"五天后,国务院总理周恩来又在第二届第二次全国政协委员会会议上发出"向现代科学技术大进军"的号召,并阐述制定十二年远景规划的指导思想:

> 这个远景规划的出发点是,要按照需要和可能,把世界科学最先进的成就尽可能迅速地介绍到我国来,把我国科学事业方面最短缺而又最急需的门类尽可能迅速地补足起来,根据世界已有的成就来安排和规划我们的科学研究工作,争取在第三个五年计划期末使我国最急需的科学部门能够接近世界先进水平。[①]

1956年12月下旬完成修正案,发往全国各部门征询意见。1957年秋又寄苏联科学院征求意见。1957年底又派以郭沫若为团长的访苏代表团,以这一规划为基础与苏联商谈科技合作的122个重大项目议定书。

这个远景规划包括《1956～1967年科学技术发展规划纲要》以及《国家重要科学技术任务说明书和中心问题说明书》、《基础科学

① 周恩来(1956),《周恩来选集》,下卷,第184页,人民出版社,1986年。

规划说明书》、《1956 年紧急措施和 1957 年研究计划要点》等共 600 万字的文件。

这个规划草案确定了 57 项重点科研任务，616 个中心课题。其中的 12 个重点项目是：

1）原子能的和平利用；

2）无线电子学；

3）喷气技术；

4）自动化与遥控；

5）石油及其奇缺资源的勘探及矿场选址；

6）结合中国情况建立合金系统并寻求新的冶金技术；

7）综合利用燃料及发展重有机合成；

8）新型动力机械和大型机械；

9）黄河、长江的综合开发；

10）农业的化学化、机械化和电气化；

11）危害人民健康的几种主要疾病的防治和消灭；

12）自然科学中若干重要的基本理论问题。

这个规划是成功的，大体上提前 5 年于 1963 年完成。1963 年国家对规划执行的情况进行全面检查，大部分项目完成了并用于生产中去。这个规划的完成使中国的科学事业大大发展。科学研究机构由 1956 年的 381 个增加到 1962 年的 1296 个，专门从事研究工作的科技人员由 1958 年 6 万余人增到 1962 年的近 20 万人，高级研究人员达到 2800 人。这个规划的实施填补了中国科学研究工作的一些重要空白。中国科学院系统重点发展了十六个学科：原子核物理学、无线电电子学、半导体物理学、空气动力学、控制论、自动学、计算数学、基本有机合成、稀有元素化学、地球化学、沉积学、海洋学、地球物理学、生物物理学、微生物学、遗传学。1958 年 9 月建立的中国科学技术大学新设的 13 个系，完全是按照建设新学科需要设置的。这个规划还为建立国防工业奠定了科学技术基础，中国的“两弹一星”的成功很大程度上得力于这个规划。

十二年科学发展规划的成功，为尔后中国发展“大科学”和完善“规划科学”思想提供了经验。此后中国的科学技术发展主要在国家科学计划的指令或指导下进行。接下去的长远规划有：《1963～1972 年科学技术发展规划纲要》(简称“十年规划”)、《1978～1985 年全国科学技术发展规划纲要》(简称“八年规划”)、《1986～2000 年全国科学技术发展规划轮廓设想纲要》(简称“十五年规划”)。这些规划虽然不是都很完美，并且在执行过程中也不是都执行得很好，但是它们的确对发展中国的科学技术事业起了巨大的作用。

有计划地发展科学技术并非始自中国，但是，制定整个国家发展科学技术的全面规划，中国开世界之先例。在十月革命后不久，1918 年 4 月列宁就草拟了《科学技术工作计划草稿》，建议国民经济最高委员会，委托俄国科学院，成立一系列由专家组成的委员会，尽快制定俄国工业和经济的发展计划。1920 年 12 月列宁倡导并组织两百多位专家制订了被称为“第二党纲”的俄罗斯全国电气化计划。

1925 年俄罗斯科学院改称苏联科学院，并将 1918 年成立的社会主义社会科学院也并入苏联科学院。其后苏联科学院又制订了发展自然科学、技术科学和文化科学的五年发展计划(1933～1937)，以配合第二个五年计划。

1932 年在伦敦召开的第二届国际科学史会议上，以布哈林(Николай Иванович Бухарин，1888～1938)为首的苏联代表团把规划科学思想带到会上，形成“马克思主义冲击波”，激起科学家的社会责任感。但是，习惯于“小科学”的科学家们要适应社会化的“大科学”有一个认识过程，起初往往对有组织、有计划地进行科学研究持对抗态度。在苏联建国初期，苏联科学院的科学家们对科学为国家服务态度冷淡。美国在第二次世界大战中制定了历史上著名的研制原子弹的"曼哈顿计划",此后一直在有计划地发展军事科学技术。1945年,美国科学院院长吉韦特(F. B. Jewett)还害怕政府的恩惠会禁锢科学家的自由研究,坚持反对规划科学的立场[①]。但是,作为苏联规划科学成就的人造地球卫星首次升空,毕竟造成1950年代的美国"卫星恐慌",延续了有计划地发展科学技术,特别是发展服务于军事的科学技术的做法,氢弹计划、红石计划、丘比特计划、探险者计划、北极星计划、响尾蛇计划、宇宙神计划、民兵计划、水星计划、双子星座计划、阿波罗计划、航天飞机计划,直到庞大的星球大战计划,一大串大小不等的计划接踵而来。[②]

"规划科学"是马克思主义科学技术观的逻辑内涵,并且是社会主义国家发展科学事业的实践。但是,作为理论概念在1980年代才出现。1982年10月在墨西哥召开的第十届社会学大会上,德意志联邦共和国的科学家贝西曼提交了题为《技术的科学化与科学概念》的论文,其中提出"规划科学"的概念[③]。他认为把科学的目标理解为认识自然而把技术理解为改造自然的观点已经不符合现代科学技术的特点了。现今的电子学、化学、通讯、核能、遗传工程、信息科学已经很难说清它们是技术还是科学。科学技术化和技术科学化已经很难再区分。他认为现代科学已不仅是探索未知、积累知识,而是类似计划经济那样,科学研究有预定目标,规划科学就是"大科学"。

中国传统文化知识论上的功利主义,曾经不利于纯知识目的的现代自然科学的生长[④],但是在当今,这种人文主义的文化背景却有利于接受规划科学的思想。中国科学家多数长于与政府合

---

① M. Bolarny(1951), *Logic of Free*, London, 1951.

② 刘戟峰(1987),从"曼哈顿"到"星球大战",《科学学研究》,第5卷(1987),第1期,第60～67页。

③ 童大林(1983),我国科技第二个黄金时代,《科学学研究》,第1卷(1983),第1期,第5～15页。

④ 庞朴(1986),中国文化的人文主义精神(提纲),《光明日报》,1986年1月6日。

作，在科学规划指导下进行着科学研究。他们与政府配合已经制定和执行了几个并且正在执行着一个在中国发展科学技术的长远规划。同“十二年规划”相比，接下来的“十年规划”就不那么成功，这主要是由于“文化大革命”实质上把它中断了。其后制定的“八年规划”，由于急于求成，是一个冒进的规划。不久，不得不对它进行调整。

国家在制定最近的“十五年规划”时，不再片面强调“赶超”国际先进水平，而把注意力转向为发展经济服务。这个新规划的总目标是为在十五年内工农业总产值翻两番，规划出科学技术发展任务。它要完成五方面的任务：第一，把发达国家 1970 年代和 1980 年代初的适合中国的先进技术逐步在生产中采用；第二，研究开发一批新技术为“翻两番”和长远经济发展开辟新道路；第三，安排好国家重点建设项目的前期科研和建设中的重大技术关键以及现有骨干企业的技术改造；第四，做好重大引进技术的消化和吸收以及重大科研成果的推广；第五，抓好一批重点基础研究项目，为中国科学技术现代化增加储备，积累力量。

三

在摆脱苏联模式、探索适合中国的发展道路的实践过程中，中国逐渐确立发展科学技术的“以我为主，迎头赶上”的战略。

早在 1956 年 1 月 5 日，国务院副总理李富春给中国科学院党组书记张稼夫(1903～1991)的信中，就提出了“迎头赶上”的战略思想。他说：

> 我以为必须对科学研究的规划采取根本性的措施，这个规划必须是向科学和技术大进军的规划，必须是“迎头赶上”世界先进科学技术水平的规划。如果从现有水平出发，从后面慢慢地赶是不能解决问题的。因此，必须采取有效措施。

而且，这种“迎头赶上”应该是自主的，而不是完全依赖外国的。毛泽东在解放战争时期曾提出：“我们是一切依靠自力更生，立于不败之地，和蒋介石的一切依靠外国，完全相反。”[①]在1958年6月17日关于第二个五年计划要点的批示中，他又指出：

> 自力更生为主，争取外援为辅，破除迷信，独立自主地干工业、干农业，干技术革命和文化革命，打倒奴隶思想，埋葬教条主义，认真学习外国的好经验，也一定研究外国的坏经验——引以为戒，这就是我们的路线。

自力更生为主、外援为辅、迎头赶上的战略，在国防科技发展方面获得了最显著的成效，使得中国成为世界上五个独立掌握核技术和空间技术的国家之一。

1956年，中国共产党的一些作法，如扩大社会主义民主和对斯大林的三七开评价，已使苏共中央总书记赫鲁晓夫不满。1957年，中国政府总理周恩来同赫鲁晓夫会谈，又批评了苏联出兵波兰等问题上的大国沙文主义，于是中苏两党开始“抬杠”了。1958年苏联想在中国建立长波电台和联合舰队，毛泽东拒绝了这一妄图损害中国独立主权的要求，中苏开始“闹翻”。1959年6月20日，苏共中央致函中共中央，单方面废除《国防新技术协定》。1960年6月下旬，在布加勒斯特召开的社会主义各国共产党会议上，苏联共产党攻击中国共产党。7月16日苏联政府又照会中国政府，召回苏联在中国的专家。在一个多月的时间内，撤回全部在华专家1390人，并撕毁了343个专家合同及其补充书，中止257个科学技术合作项目。这时苏联援建的304个项目只建成了1/3。苏联专家撤走时又带走了图纸、计划、资料并停止供应关键设备，给中国

① 毛泽东(1942)，《毛泽东选集》，第4卷，第1132页，人民出版社，北京，1967年。

250 个企业和事业单位造成极大的困难。在外援中断情况下，“自力更生”几乎成为唯一的出路。逆境增加了中国领导人和人民的决心。原子弹的试制成功就是“自力更生”方针的惊人成果。

早在 1930 年代，中国就有几位原子科学家。1950 年 5 月 19 日中国科学院设近代物理研究所。分散在全国各地的二十名核科学技术人员聚集在一起，开始为原子能的利用作准备。1955 年制订了《关于 1956～1967 年发展原子能事业计划大纲》。苏联援助中国发展原子能技术也是从这年开始的。1 月 20 日中苏两国政府签订了在中国境内普查铀矿的合作协定，同年 4 月 27 日签订了苏联援助中国发展原子核物理研究与和平利用原子能的协定，1956 年 8 月 17 日签订了苏联援助中国全面建设原子能工业的协定，1957 年 10 月 15 日签订了苏联援助中国制造原子弹的协定，1958 年 9 月 29 日签订了 1956 年协定的补充协定。根据这些协定 233 名苏联专家来到中国核工业系统，中国也向苏联派出自己的学习人员。在苏联的援助下，1958 年 6 月，7000 千瓦的研究性的重水反应堆和 2 兆电子伏特的回旋加速器建成投入运行，近代物理研究所也改称原子能研究所，1960 年已勘探出八个可供开采的铀矿并且第一批铀矿建设和兰州铀浓缩厂也临近完成。这一切为核武器的研制打下了基础。

中国的核武器研制是从 1958 开始的。根据 1957 年中苏国防新技术协定，苏联向中国提供原子弹教学模型和图纸资料。1958 年 1 月 8 日第二机械工业部成立第九局，负责核武器研制工作。同年 7 月该局设北京铀矿地质研究所和北京铀矿选冶研究所，并在海拔 3000 米的青海“金银滩”建设核武器实验基地。1959 年 6 月苏联拒绝向中国提供原子弹的技术资料后，中国当即改变了原来的部署决定依靠自己的力量完成原子弹的研制任务，并制定了自己研究、自己试验、自己装备的研究工作计划。1960 年初成立北京核武器研究所。王淦昌（1907～1998）、彭桓武（1915～2007）、郭永怀（1909～1968）三位科学家调该所任副所长，并调程开甲

(1918～　)、陈能宽(1923～　)、龙文光等百余名高中级研究人员充实核武器研究所。1960年夏天，苏联撤走在中国核工业系统的全部专家后，中国进入自力更生的独立研制时期。1962年底核武器研究所的工作已转入技术设计和试制阶段，青海试验基地的重要设施基本建成。1963年开始，核武器研究重心从北京向青海转移。1963年11月进行了缩小尺寸的爆炸试验，1963年3月下旬确定了原子弹装置结构和主炸药工艺方案，1964年6月6日进行了全尺寸爆炸模拟试验，1964年8月进行核爆炸前的综合演习。1964年10月16日15时，中国首次原子弹装置核爆炸成功。

虽然在研究性反应堆、核燃料工厂以及试验场设计方面苏联提供了初步设计方案，但在原子弹装置方面却没有提供任何技术资料。中国的核科学家和技术人员，从苏联提供的这些初步设计资料和国外的公开文献获得初步知识，开始了自己的独立探索。整个试制过程中改变了围绕苏联专家工作而形成的相互割裂的组织形式，采取了研究(设计)、基建、生产和领导、专家、工人两种“三结合”的方式。

1962年第二机械工业部制定了一个两年规划，预定在1964年，最迟至1965年上半年原子弹爆炸成功。这规划得到中央批准，并成立了由中共中央直接领导的15人专门委员会。国务院总理周恩来任这个中央专委的主任。在中央专委的领导下，组织了全国攻关会战。全国26个部(院)、20个省、市、自治区的900多家厂矿、研究机构和大专院校参加，解决近千项重大课题。

中国人民在自己争取独立自主和国家富强的斗争中，饱尝了“自力更生”的苦与乐。中国人民之所以采取“自力更生”的方针，并不是要关闭国门孤立于国际社会之外，而是人家从外边锁上了我们的国门。同时中国领导人也认识到，中国必须走适合自己的发展道路，并且要防备那些掌握着先进技术的国家利用技术手段来控制我们，这是一种战略性考虑。1960年代苏联撤走专家、撕毁合同的类似事件难说不会重演。

社会主义国家最初都有一种坚定的自信，相信依靠社会主义制度的优越性，在经济和科学文化方面可以很快赶上并超过最发达的资本主义国家。1931年，由于苏联第一个五年计划顺利进行并接近完成，斯大林提出要在十年内赶上发达的资本主义国家，在几个五年计划之内建成社会主义[①]。尽管在世界经济危机的条件下，苏联顺利地从西方引进大量的技术和专家，建立起重工业基地，使整个工业增长五倍多，但是在十年期限到期时，不但没有赶上发达的资本主义，而且第二次世界大战还暴露了苏联的军事技术以及整个科技水平同以美国为代表的资本主义国家之间的差距。在战后的十年里，苏联急剧增加科技投入，力图赶上并超过美、英等国。的确，在核技术方面赶上了美国，在空间技术方面于1957年领先发射了第一颗人造地球卫星，在机床工业和钢铁工业某些部门的一些技术也已接近美国的水平。但是，在总体上苏联的科技水平仍然落后于美国，而且国民总收入不及美国的一半。1956年苏共第二十次代表大会承认社会主义尚未建成，批评了斯大林的失误和个人崇拜错误，调整了各项政策。

毛泽东在1956年中共八大预备会议上比较慎重地提出，要在五、六十年内赶上世界最强大的资本主义国家美国。1957年苏联人造地球卫星上天，并提出十五年超过美国和二十年基本建成共产主义，毛泽东在世界共产党会议上也跟着提出十五年中国的钢产量超过英国。随后在中国工会第八次全国代表大会上，刘少奇(1898～1969)代表党中央致词，向全国人民宣布十五年赶超英国。1958年发动了全国的大跃进。虚报和浮夸使许多人头脑发热，陷在超英赶美的狂热之中。但是，在应该宣布超过英国的那些年代，中国正处在经济濒临崩溃的“文化大革命”之中。

---

① 斯大林(1931)，《斯大林全集》，第13卷，第38页，人民出版社，北京。

“文化大革命”后的两年，也发生了急于求成的“洋冒进”。1978 年 5 月 11 日，《光明日报》发表题为《实践是检验真理的唯一标准》的特约评论员文章。邓小平强调“实事求是”的思想路线。中国人民经过多年磨难终于认识到：中国属于第三世界，是发展中国家，社会主义尚处在初级阶段。

属于第三世界的中国，在科学技术领域处于世界科学中心的周边地位，在发展科学技术方面争取外援是非常重要的。尽管科学是国际性的，但是，科学技术的国际交往受到世界政治格局的限制。国际政治格局的形成取决国家之间的、特别是大国之间利益平衡。中国的科学技术国际交往受国际政治关系影响最为明显。在整个 1950 年代，中国“一边倒”的外交政策，使得中国主要同苏联和东欧国家保持科学技术交往。在 1959 年同苏联分裂以后，中国被两个阵营孤立，几乎断绝了国际交往。“文化大革命”以后，中国摆脱了孤立的境地，广泛的国际科学交流才成为可能。

在 1950 年代，中国同苏联和东欧各国的国际科技交往通过三种主要形式：国家之间的双边合作协定、国家科学院之间的双边协定和多边合作协定。自从 1952 年 5 月 6 日中国和捷克斯洛伐克科学技术合作协定在北京签字之后，1953 年同罗马尼亚（1 月 9 日）、匈牙利（10 月 3 日）、德意志民主共和国（10 月 30 日），1954 年同波兰（7 月 26 日）、苏联（10 月 12 日）、阿尔巴尼亚（10 月 14 日），1955 年同保加利亚（3 月 23 日）签订了科学技术合作协定。政府间的科学技术合作协定签订后，合作范围和形式不断扩大，双边科学院、研究机构以及产业部和主管机关逐渐建立了直接联系。

自 1955 年 6 月 8 日中波科学院合作计划在北京签订后，1956 年又有中德和中捷两个科学院的院国际合作计划签订，1957 年 12 月 11 日中国科学院和苏联科学院之间签订了 5 年合作计划。在多边合作方面，1956 年 3 月下旬，中国、苏联、阿尔巴尼亚、保加利亚、匈牙利、民主德国、朝鲜、蒙古、波兰、罗马尼亚和捷克斯洛伐克等

11国签订建立“联合核子研究所”的协定，同年6月14日中、苏、朝、越4国组成太平洋西部渔业研究委员会。

在1950年代，中苏科技交流是中国最主要的国际交往。1954年中苏科学技术合作委员会成立，在莫斯科举行第一次会议。会议签订了双方在国民经济各部门进行科学技术援助的协定书。1955年12月在莫斯科举行的中苏科学技术合作委员会第3次会议决定，苏联向中国提供有色冶金企业、煤炭工业企业和铁路、建筑业建设的资料；高炉设备、选矿设备、泵和压缩机、起重运输机、破碎碾磨机、各种类型的农业机器和化学工业设备的制造图纸；生产各种染料和其他化学制品的工艺过程的技术资料；允许中国派专家到苏联在冶金、煤炭、石油、纺织、建筑等部门考察和学习。1956年中苏两国签订了民用航空技术协定(1月4日)和共同调查并综合利用黑龙江流域自然资源的协定(8月18日)；1957年10月15日签订了苏联向中国提供国防技术火箭、航空和原子弹新技术协定；1958年1月18日又签订了两国共同进行122项对中国有重大意义的科学技术项目的研究工作的议定书。中国科学院同苏联科学院的交往是十分密切的。在中苏合作研究的122项重大项目中，两国科学院合作的为40项。1949～1957年中国科学院派遣专家266人次赴苏，苏联科学院派遣专家272人次来华。1950年代后半期，在苏联的帮助下中国科学院又新建了一批研究所。中苏分裂以后，中苏科技交流中断，而且也影响了同其他社会主义国家的科技交往。

1972年全国科技工作会议以后，中国开始恢复正常的科学研究，新的国际交往也随之开始。这年联合国教科文组织召开第十七届大会，中华人民共和国政府第一次派代表参加这种会议，这标志着中国政府的一种新的国际科技视野。

1972年11月法国在中国举办科技展览。1973年5月美国科学家代表团应邀访华，6月中国派科学家参加在墨西哥召开的美洲大陆科学和人类讨论会，7月美国高能物理学代表团来北京访问。1974年5月以周培源(1902～1993)为团长的中国科学院代表团出访联邦德国、瑞士和法国，8月瑞士工业技术展览在北京举行。这个好势头，一度被打断，直到1978年3月全国科学大会以后才又重新开始。这年7月中国宇航学会会长任新民率代表团出访日本，12月他又率团访问美国航空航天局。

1979年1月15日中国科学院与法国原子能总署在北京签署合作协议，1月31日中美科学技术合作协定签字仪式在美国白宫举行，中国副总理邓小平和美国总统卡特分别代表本国政府在协定书上签字，5月8日中国科学技术委员会和美国商务部科技管理和科技情报合作协议签订，6月中国与澳大利亚科学技术合作协定在北京草签。此后中国科学事业的国际交往迅速发展。

1987年是国际交往的一个高峰年。这年中国政府与27个国家召开了有关科学技术的双边会议，接待和派出部级政府科技代表团18个，签订协议性文件39个；中国邀请5800多个外国团组来华访问；派出3600多人次参加国际会议1400多个；引进专家2000多人，派出实习、培训2500多人；中国国际科技会议中心组织37个国际科技学术会议，4100多名外国专家出席了这些会议；全年对外交流万项以上，人员来往4万多人次。

中国科学院从1978～1979年开始同美国、日本以及西欧德国、法国、英国、意大利、荷兰、瑞典、比利时、芬兰、西班牙、奥地利等11国的有关机构建立了双边关系；同东南亚的印度、巴基斯坦、新加坡、南朝鲜、泰国，同南美洲的巴西、阿根廷、古巴以及非洲和阿拉伯等发展中国家也建立了合作关系；从1986年开始同苏联和东欧诸社会主义国家恢复合作关系。到1987年为止，中国科学院及其所属研究单位已经同50多个国家和地区的科学院和研究机构签订了70个合作协议。中国科学院同美国科学机构的合作关系的发展，对中国的科学事业有重要意义。中美合作主要在基础研究领域，美国对中国的高能物理研究工作给了很重要的帮助。中美两国科学界友谊在增加，1987 年中国科学院院长周光召(1929～)被选为美国国家科学院院士。

科学是国际性的。这是科学本身的性质决定的。科学的客观性和普遍性、积累性和协作性、语言的统一性内在地决定了科学的国际性。科学家的国际主义理想是推动科学国际化的动力，现代化的资讯设备为科学的国际化提供了条件，现代经济的国际化也在促进科学发展的国际化进程，人类的全球意识的增长是科学国际化进一步发展的良好的社会环境。马克思主义者的国际意识要求科学的国际视野。在俄国十月革命前夕，伟大的无产阶级作家高尔基(1868～1936)发表《科学与民主》的演讲，其中他谈道：

> 因为艺术是充满感情的，它极容易受到创造者主观心理活动的支配，过分依赖于所谓情绪。正因为如此，能超越个性、阶级性、民族和种族偏见的强烈影响所设置的重重障碍的真正自由的艺术是罕见的。实验科学在数学铁的逻辑的指导下，在确切观察的沃土上蓬勃地发展着，完全摆脱了上述影响。就其精神实质来说，实验科学是国际性的。我们可以谈论某一种艺术是俄国的、德国的或意大利的，但是世界上却只有一种四海皆同的自然科学。正是这种科学给我们的思想插上了翅膀，使它在宇宙的神秘王国里到处翱翔，探隐索微，解开生活的悲剧之迷。科学的世界打开了通向团结、自由和美好的道路。①

科学国际化进程的阻力主要来自政府。如果一个国家的政府只把科学看作创造国家权力的工具，那么就会为国家的利益或者限制科学的国际交往，或者用作殖民掠夺的一种手段。一百多年的民族屈辱史使中国人民对此有最深的感触。中国人民从他们的

① 高尔基(1917)，科学与民主，《科学史译丛》，第 1 卷(1980)，第 1 期，第 2～5 页。

屈辱中认识到科学技术的巨大力量。作为科学技术后进的中国，一百多年来一直企图在自己的国家中发展现代科学技术，使中华民族立于世界民族之林。中国在世界的地位决定中国欢迎科学的国际化。中国人民永远感激帮助中国发展近现代科学的科学家和政府。

中国的学者和科技管理干部，通过对近几十年的实践的反省，已经认识到中国在三个方面的估计不足：第一，对我国与世界先进科学技术水平的差距估计不足；第二，对于现代科学技术水平日新月异的发展速度估计不足；第三，对我国在发展技术上所面临的社会和经济条件的限制估计不足。认真总结了不切实际的“高指标”的教训，实事求是地研究并提出恰当的技术进步的战略目标①。中国科学院院长周光召关于“以我为主，迎头赶上”战略思想的论述代表了进入 1990 年代的中国科技界的认识：

> 就科技而言，中国国情既决定了它的发展规模和速度，也在相当大的程度上决定了它发展的指导思想。除了要尊重科技自身发展的内在规律，还要处理好一系列关系。那就是既要开放，又不能依赖外国；既要学习外国先进经验，又必须从中国国情出发，发扬自主精神；既要看到我们落后的现状，又不能妄自菲薄；既不能急功近利，又要只争朝夕；既不能全面赶超，又必须形成局部优势、迎头赶上。总之，从中国国情出发，以我为主，迎头赶上，应该是发展中国科学技术的基本方针，也应该是制定我国科学技术的发展战略和策略的基点。这是时代的要求，是振兴中华的要求，也是适应世界范围内日益激烈竞争环境的要求。②

---

① 林自新和吴明瑜(1983)，关于中国技术发展战略若干问题的探讨，《科学学研究》，第 1 卷(1983)，第 2 期，第 1～10 页。

② 周光召(1991)，谈我国科技发展的战略思想，《求是》，1991 年，第 12 期。

背离科学精神的教训

在转变模式的探索过程中，中国共产党的指导思想有成功和过失两方面。过失主要是“一九五七年后，‘左’的思想开始抬头，逐渐占了上风”[①]所致。1956年，苏共二十二大非斯大林化所引起的社会主义阵营意识形态危机波及中国，随之而来的中苏分裂以及龟缩在海岛台湾的国民党政权趁机反攻大陆的叫嚣，导致对“八大”路线的动摇，重新回到“以阶级斗争为纲”。夸大阶级斗争的“反右运动”、盲目冒进的“大跃进”、以政治推动经济的“反右倾”，一次又一次的“左”倾错误，最后发展为引起全国动乱的“文化大革命”，把中国的经济推向濒临崩溃的边缘。究其思想实质，这一切错误根源于违背科学精神。在科学文化领域中这种危害集中表现为，把数十万知识分子划为资产阶级右派，整个知识分子阶层被作为“第二剥削阶级”对待[②]。在“大跃进”，蔑视专家、教授，虚假、浮夸之风盛行，违反经济规律和自然规律的蛮干导致经济的大衰退。试图寻找“中国自己的社会主义道路”的“文化大革命”，由于背离科学精神而发展成一场全国范围的大动乱。批判资产阶级反动学术权威，以爱因斯坦及其相对论为靶子，步希特勒的后尘。这种反科学的流毒，在“文化大革命”后一度表现为，国人对人体特异功能的迷恋和宣传等种种非科学意识的泛滥。

一

“百家争鸣”方针既是中国共产党领导科学事业的政策，也是团结改造知识分子的手段，其最核心的目标是通过扩大民主实现政治领导科学。“百家争鸣”方针的提出者毛泽东一直在观察对这

① 邓小平(1987)，《建设有中国特色的社会主义》(增订本)，第102页，人民出版社，北京，1987年。

② 胡绳主编(1991)，《中国共产党的七十年》，第360页，中共党史出版社，北京，1991年。

一政策的反应。在波兰和匈牙利事件影响下,1956年秋冬,中国出现了一些不安定的情况。工人罢工、学生罢课、农民退社,对时局变化敏感的知识分子开始批评教条主义,并在文化、教育、科学问题上发表不同意见。某些领导人担心“百花齐放、百家争鸣”的方针会导致匈牙利事件之类的麻烦,而毛泽东则坚信这种情况不会发生,并且认为可以通过整风解决。1956年11月15日,他在中国共产党八届二中全会上说:“你要搞资产阶级大民主,我就提出整风,就是思想改造。把学生统统发动起来批评你,每个学校一道关卡,你要过关,通过才算了事。”1957年1月18日,在省市自治区党委书记会议上,他又说:

> 像匈牙利事件那样的全国性的大乱子闹不起来。无非是少数人这里闹一下,那里闹一下,要搞所谓大民主。大民主也没什么可怕。

毛泽东相信党的“久经考验的干部”队伍,采取“任凭风浪起,稳坐钓鱼船”的态度。他说:“如果有人用什么大民主来反对社会主义制度,推翻共产党的领导,我们就对他实行无产阶级专政。”他对提出“百家争鸣”以来不敢对知识分子进行改造的现象提出批评,并且从对立统一和斗争的哲学观点解释了“百家争鸣”方针。他主张让资产阶级思想充分地放出来。1957年2月27日,毛泽东在最高国务会议上发表了《关于正确处理人民内部矛盾问题》的讲话,其中的第八个问题,“关于百花齐放、百家争鸣、长期共存、互相监督”,全面地阐明了“双百”方针。1957年3月12日,毛泽东在中国共产党全国宣传工作会议上宣布,在党内进行以批评主观主义、官僚主义和宗派主义为主要内容的整风运动,并把“双百”方针推广为一种普遍的工作方法。他说:

> 百花齐放是一种发展艺术的方法,百家争鸣是一种发展科

学的方法。百花齐放、百家争鸣这个方针不但是使科学和艺术发展的好方法,而且推而广之,也是我们进行一切工作的好方法。这个方法可以使我们少犯错误。有许多事情我们不知道,因此不会解决,在辩论中间,在斗争中间,我们就会明了这些事情,就会懂得解决问题的方法。各种不同意见辩论的结果,就能使真理发展。对于那些有毒素的反马克思主义的东西,也可以采取这个方法,因为同那些反马克思主义的东西进行斗争,就会使马克思主义发展起来。这是在对立面的斗争中的发展,是合于辩证法的发展。

毛泽东主张领导工作采取“放”的方针,就是放手让大家讲意见,使人敢于说话,敢于批评,敢于争论。毛泽东和刘少奇亲自说服并要求干部充分理解正确处理人民内部矛盾的意义:文学艺术和科学技术会发达,党会经常保持活力,人民事业会欣欣向荣,中国会变成一个强大国家而又使人可亲。4 月 27 日中共中央发出了《关于整风运动的指示》。文教卫生部门的党组织纷纷召开座谈会,欢迎大家“鸣”、“放”。于是广大知识分子由学术争鸣转向政治批评。

在“五四”前后知识分子发出复兴“五四”精神的呼吁。“五四”运动的参加者顾颉刚以“五四”精神解释“双百”方针,要求恢复蔡元培提倡的“兼容并包”政策①。另一位“五四”老将张申府强调思想解放,发扬“五四”的批判精神,号召中国知识分子抛弃软弱、消极抵抗的传统②。但是,在 5 月份的整风中,民主党派领导人和无党派名人多小心翼翼、字斟句酌表达他们的批评意见。年轻的一代却不像老一代知识分子那样谨小慎微,在“五四”精神的感召下,勇敢地鸣放起来。毛泽东从鸣放中嗅到知识分子摆脱党的领导、怀疑社会主义制度的危险情绪,党的指导思想开始改变,由整风转

① 何炳然(1957),顾颉刚谈放手贯彻“百家争鸣”,《光明日报》,1957 年 4 月 21 日。

② 张申府(1957),发扬五四的精神:“放”,《光明日报》,1957 年 4 月 27 日。

到反右。5 月 15 日他写了发给党内干部阅读的《事情正在起变化》，提出“右派”的概念，并作出“诱敌深入，聚而歼之”的部署，“让他们猖狂一个时期，让他们走到顶点”。

从 5 月 19 日开始学生参加帮助党整风。北京大学的学生一马当先，无保留地道出他们的抱负和不满，千百张大字报、数百次集会，言辞激烈地批评党在各种工作中的失误。物理系的学生谭天荣(1935～　)写了《“五四”断想》表达他的报国之忧，又写《失败》说“五四”在他们那一代的命运不过是“我到底没有做好我要做的梦”。①

5 月底到 6 月初鸣放达到高潮，毛泽东认为可能的匈牙利事件已经用整风的方式主动引出来了。6 月 8 日他为中共中央起草了《组织力量反击右派分子的猖狂进攻》的指示，要求各机关和各学校分别处理“小匈牙利”。在同一天《人民日报》发表社论《这是为什么?》，发动群众反击右派进攻。第二天的《光明日报》刊登了中国民主同盟中央委员会规划临时小组的一个备忘录。这个备忘录由中国科学院的五名学部委员共同署名，他们是化学家曾昭抡(1899～1967)、力学家钱伟长(1912～)、生物学家童第周(1902～1979)、数学家华罗庚(1910～1985)、经济学家千家驹(1909～2002)，题为《对于有关我国科学体制问题的几点意见》。这个备忘录成为科学界反右派斗争的主要批判对象。

6 月 19 日《关于正确处理人民内部矛盾问题》在《人民日报》上发表。其中提出了处理人民内部是非问题的六条政治标准：

1) 有利于团结全国各族人民，而不是分裂人民；

2) 有利于社会主义改造和社会主义建设，而不是不利于社会主义改造和社会主义建设；

3) 有利于巩固人民民主专政，而不是破坏或削弱这个专政；

---

① 谭天荣(1957)，《北京大学右派分子反动言论集汇编》，第 88 页，1957 年。

4）有利于巩固民主集中制，而不是破坏或者削弱这个制度；

5）有利于巩固共产党的领导，而不是摆脱或者削弱这种领导；

6）有利于社会主义的国际团结和全世界爱好和平人民的国际团结，而不是有损于这些团结。

这六条标准是对“百家争鸣”的政治限制。用科学社会学的语言说，对于科学界这实质上是要求科学活动的行为规范适应社会主义的社会规范。因为社会主义社会的理论基础是马克思主义，所以这种要求的核心是，科学活动的行为规范要适应马克思主义的意识形态。

7月5日中国科学院院长郭沫若，在第一届全国人民代表大会第四次会议上，以《驳斥一个反社会主义的科学纲领》为题，对曾昭抡等人的《对于有关我国科学体制问题的几点意见》进行了批判。他指责自然科学领域里右派的三种错误观点：反对科学应服从社会主义建设的需要；反对按计划发展科学，反对科学工作的统一领导。此后这个备忘录就作为反社会主义的科学纲领被批判，曾昭抡和钱伟长成了自然科学界右派分子的代表人物。其实，这个备忘录的批评和建议是正确的，其精神与后来1961年中共中央批准的国家科委党组、中国科学院党组《关于自然科学研究机构当前工作中的十四条意见》是一致的。

在刚刚兴起“百家争鸣”之后，这场疾风暴雨般的反右运动，有如一次倒春寒。许多属于思想问题、不同的意见、善良的建议被视为敌对思想和行为，五十多万人被错划为右派分子。科学家的感情和积极性受到严重的伤害。这种政治气氛，无异于提醒那些还没有划为右派分子的人，今后在政治问题上，要小心谨慎，循规蹈矩。它的后果之一是，为了保护自己不受伤害，知识分子们只在自己的专业领域畏首畏尾地探索，避免涉及任何争论。另一后果是，留学生归国潮流急剧停滞下来。1949～1956年曾有1694名留学生归国，据统计还有6800余名留学生滞留国外。1957年尚有103

人回国，1958年降为46人，1959年则仅有18人了，1960～1966年的7年中总共只有61人回国。“文化大革命”前的17年里归国的留学生，93.4%是反右派运动以前归来的。[①]

早在1957年3月6日同参加全国宣传工作会议的省市委宣传部长的谈话中，毛泽东就强调改造知识分子，“政治领导科学”。反右运动以后，毛泽东开始鼓励破除迷信，解放思想，藐视教授，压倒资产阶级知识分子。1958年5月8日毛泽东在中共八大二次会议上以《破除迷信，不怕教授》为题发表讲话，从中国历史上找出许多事例，说明年轻人可以胜过老年人，学问少的人可以打倒学问多的人，并指示编一个名为《卑贱者最聪明，高贵者最愚蠢》的小册子。这固然有利于激发小知识分子和劳动人民的积极性和创造性，但是它也造成一种不尊重知识和不尊重知识分子的气氛。“人有多大胆，地有多大产”的豪言壮语竟被用来做《人民日报》社论的标题，同时还附有“亩产万斤粮”的报道，随后又有科学家出面作“科学”论证。于是，解放思想堕落成种种反科学的愚蠢行动：超声波运动、大炼钢铁运动、学生批判老师……。失败的结果显露之后，还得求助于知识分子，给他们“脱帽”、“加冕”。

1961年开始调整党和知识分子的关系。6月30日，在庆祝中国共产党成立四十周年大会上，刘少奇重申：知识分子是我国社会主义建设事业取得胜利的不可缺少的重要力量。……我们要继续扩大知识分子队伍，继续执行百花齐放、百家争鸣的方针，使我国社会主义的科学文化事业更加繁荣起来。7月，中共中央政治局批准了由聂荣臻主持制定《关于自然科学研究机构当前工作的十四条意见(草案)》。这个文件的重要内容之一是，论述并规定了执行双百方针的一系列具体政策，要求严格划分政治问题与学术问题

① 姚蜀平(1988)，留学教育对中国科学发展的影响，《自然辩证法通讯》，第10卷(1988)，第6期，第24～35页。

的界线、敌我矛盾与人民内部矛盾界线。中共中央在对这个文件批语中要求各级党组织，对反右派斗争以后在知识分子中所进行的各种批判加以清理和甄别，改正错误。通过这些工作，党和知识分子的关系得到缓解，工作秩序得到恢复。1962年3月在广州召开的科技工作会议和文艺工作会议，国务院总理周恩来肯定大多数知识分子属于劳动人民的知识分子，副总理陈毅宣布给知识分子"脱帽""加冕"。但是，党中央对思想政治上的"左"倾观点没有作出彻底清理，当时中央少数人反对这么做，毛泽东没有表态，为"文化大革命"的大反复埋下了伏笔。[①]

二

在"文化大革命"中，反右派运动以来的反科学潜流得以恶性发展。如果说1957年的"反右运动"是对知识分子政治思想的一种整肃，那么1966～1976年的"文化大革命"则包含了一种更为严重的反科学运动。在《5.16通知》的指导下，打着"批判资产阶级学术权威"和"批判自然科学中的资产阶级思想"的口号，不仅把一批有成就的知识分子错误地作为"反动学术权威"进行批斗，而且建组织、出杂志，对科学进行哲学"审判"。1968年3月，中国科学院革命委员会成了专门批判爱因斯坦(Albert Einstein，1879～1955)及其相对论的组织，人们称之为"中国反相对论公司"。1972年10月，上海市革命委员会组织围攻中国科学院副院长周培源关于加强自然科学基础理论研究的文章，并指示写作组筹办一个专门批判自然科学的《自然辩证法杂志》(1973～1976年)。1974年"批林批孔"运动中，《光明日报》发表的《儒法斗争与我国古代科学技术的发展》一文，掀起一股把中国古代科学技术史歪曲成儒法斗争史的邪风。1975年初，一个盗用

① 胡绳主编(1991)，《中国共产党的七十年》，第390页，中共党史出版社，北京，1991年。

“百家争鸣”口号，以支持新生事物为名，行批判之实的刊物《自然科学争鸣》(1975～1977 年)在北京出现。这其中成为中国现代科学史“奇迹”的是批判爱因斯坦及其相对论的运动。[①]“文化大革命”中的批判相对论运动，起源于湖南一位中学教师的一篇文章《从物质的矛盾运动研究场的本质及其转化》。此文在 1967 年底以“京区场论小组”的名义印发。1968 年 2 月，中国科学院物理研究所对这篇作者自以为是“意义非常大”的文章作出否定的评价。但是中国科学院革命委员会却看中了它的哲学批判含义，于是在 3 月成立了批判自然科学理论中资产阶级反动观点毛泽东思想学习班。经过四个月的讨论，学习班写出了一篇批判相对论“相对主义”的文章《评相对论的基础“光速不变”原理》。并且，1968 年 7 月 5 日呈送毛泽东主席和中央文革，请求把这个批判相对论的学习班作为开展类似批判的试点。一年以后这个批判相对论学习班写出了《相对论批判》和《相对论的基本原理被实验证实了吗？——关于专门验证相对论的实验的理论分析》两个讨论稿。这时，中央文革小组组长陈伯达把科学界批判爱因斯坦和文艺界批判斯坦尼斯拉夫斯基(K. C. Сманилавский，1863～1938)定为理论批判的两个中心课题，指派了联络员进驻学习班。在他的指挥下，驻中国科学院工人、解放军毛泽东思想宣传队和中国科学院革命委员会积极组织讨论，连竺可桢(1890～1974)、吴有训(1897～1977)和周培源(1902～1993)三位副院长都得奉命出席座谈会。1970 年 4 月 3 日，陈伯达又亲自到北京大学召集会议，鼓动批判爱因斯坦和相对论。在他的指示下，中国科学院革命委员会成立了批判相对论办公室和刊物编辑部，并于 4 月中旬召集北京大学、清华大学、北京师范大学、中国人民大学、原子能研究所和物理研究所的教师和研究人员，开了三天相对论问题座谈会，把批判推向高潮。

---

① 屈儆诚和许良英(1989)，关于我国“文化大革命”时期批判爱因斯坦和相对论运动的初步考察，《爱因斯坦研究》，第 1 辑，第 212～250 页，许良英等主编，科学出版社，北京，1989 年。

1970年6月和10月先后出版了《相对论问题讨论》第1期和第2期。

1970年8月陈伯达失势，北京批判组的活动也随之泯灭。而上海却后来居上，前一年由上海市革命委员会写作组操纵，在复旦大学建立的上海市理科大批判组接续了北京相对论批判组的工作。经过五易其稿，他们于1972年9月完成了的《爱因斯坦和相对论》。这是他们1970年1月写的《评爱因斯坦相对论》一文的衍生和扩展。1973～1974年，这个理科大批判组在这一基础上又写出《评爱因斯坦的时空观》、《评爱因斯坦的运动观》、《评爱因斯坦的物质观》和《评爱因斯坦的世界观》四篇文章，分别在《复旦学报》和《自然辩证法杂志》上发表。

"文化大革命"期间批判相对论之甚，可由一个数字看出。据屈儆诚统计，1972～1977年间，仅6个刊物就发表了120篇与相对论有关的文章，其肯定与否定之比为1∶6。

批判相对论是反右派以来的反科学思想登峰造极的再现，想借批判所谓"资产阶级学术权威"，实现无产阶级占领科学阵地。于是爱因斯坦及其相对论被选作典型遭到反科学的哲学批判。在《相对论问题讨论》中我们可以看到批判者宣布："在马克思主义、列宁主义、毛泽东思想指引下，开展革命的科学批判，揭示相对论也要走向自己反面的必然性，应该是我们的出发点。""爱因斯坦就是本世纪以来自然科学领域中最大的资产阶级反动权威。爱因斯坦的相对论就是当代自然科学中资产阶级反动唯心主义和形而上学的宇宙观的典型。""西方资产阶级是没落了。一场新的自然科学革命的重担，已经落在东方无产阶级的肩上……世界文化是从东方开始的，现在经过一次往返，在更高的水平上又回到了东方。"

历史已经对此作出了结论，反科学的哲学批判对科学发展是徒劳无益的。在马克思主义旗号下的"中国文化中心论"之梦也已破灭。"每一个工人和农民都把自己看成潜在的爱因斯坦"不能靠反科学的哲学批判实现。十年"文化大革命"在中国造成的科学沙漠，要用科学家大量的汗水才能恢复成科学的绿洲。许多年过去了，中国仍无一领域可以主导世界科学发展的潮流。要赶上世界水平尚需几代人的坚持不懈的努力。

三

“文化大革命”反科学思潮的流毒并未随宣告“文化大革命”的结束而立即泯灭，而是以正相反的形式，把非科学的东西作为“最新的科学”，非科学意识泛滥。鼓吹和支持这类非科学意识者中不乏“大跃进”的浮夸英雄和“文化大革命”中革科学命的人，甚至混有不学无术窃取了学术地位而行压制异己之徒。清理这类非科学意识是一场维护科学尊严的斗争。

何谓“非科学意识”，没有明确的定义，但是它是可理解的。在科学研究中，科学家完全不自觉的自我欺骗的病态、沽名钓誉的投机心理、违背求真的弄虚作假、诉诸偏见和权威的辩护、牵连政治和性格的论争、无知的狂论和竞选式的游说，打击别人抬高自己，利用学术地位窃取别人的科学成果，所有这类违反科学规范的行为，都可以看作是科学中的非科学意识。

科学中的非科学意识是国际性的现象。它腐蚀着科学意识，损害着科学机体，败坏着科学的名誉。在科学不发达的中国，科学中的非科学意识一直未得到认真清洗，甚至受到非科学界的庇护。文学家杨沫(1914～1996)为刘亚光(1940～　)写报告文学。石希元[①]批评她为弄虚作假张目。在王曼新“人工根瘤”波澜中，《人民日报》反复无常的报道在公众中造成混乱[②]。在人体特异功能泛滥

① 石希元(1980)，是“那”样一个人——评杨沫同志的报告文学〈是这样一个人〉，《自然辩证法通讯》，第 2 卷(1980)，第 4 期，第 24～29 页。

② 过兴先(1986)，从“人工根瘤”看百家争鸣，《自然辩证法通讯》，第 8 卷(1986)，第 5 期，第 31～33 页。

的那几年，各种非科学意识得以充分表现。探索超常事件的科学基础无疑是很诱人的。但是在这里，科学和伪科学的界限暗淡不明，严肃的探索者和弄虚作假之徒鱼龙混杂，加之党政领导支持和非科学媒介的轻率宣传，情况十分复杂。“漠视科学和反对新鲜事物是导致公众轻信的大问题。”[①]但只有科学才是伪科学的解毒剂。

在1979年春至1982年夏之间的三年时间里，在中国大地上“人体特异功能”泛滥。从关于一个孩子的耳朵认字的宣传开始，发展到传播用手、脚、腋窝、胃认字等各种奇闻，接着又从这类非眼视觉扩展到透视、遥视、遥感、意念致动。百余个高等院校和研究机构的千余名研究人员参与到这类调查研究之中，数千名少年儿童被捉弄诱发各种特异功能。百余种报刊、电台、电视台报道这类“科学珍闻”，热闹得几乎家喻户晓、妇孺皆知。著名科学家、省委书记甚至全国人大委员长都被邀去看特异功能表演。从一开始对特异功能就有两种对立的态度。著名科学家钱学森（1911～　）对特异功能研究持热情支持的态度，国防科委副主任张震寰（1915～1994）和卫生部中医局局长吕炳奎（1913～2003）是最有力的官方支持者。中共中央宣传部和《人民日报》两个机构一直限制特异功能宣传，中国社会科学院副院长于光远（1915～　）和中国科学院主席团执行主席李昌（1913～　）是最有力的官方反对者。随着事态的发展，形成以钱学森为代表的支持派和以于光远为代表的反对派。前者建立了以推动研究为目标的组织中国人体科学研究会，出版了刊物《人体特异功能通讯》；后者成立了以揭露为目的组织人体特异功能问题调查研究联络组并创办《人体特异功能调查研究资料》。双方就特异功能展开了科学与伪科学的争论。

人体特异功能的泛滥，始于《四川日报》1979年3月11日的一篇报道。由该报记者张乃明和两位通讯员联合署名的这篇报道题

① 卡尔·萨根著，金吾伦等译：《布鲁卡的脑》，第74页，三联书店，北京，1987年。

为《大足县发现一个能用耳朵辨认字的儿童》，并附有四川省委书记杨超(1910～2007)观看这位名叫唐雨的小学生用耳朵认字的照片。该报宣称“经反复考察，确有其事”，并说“省有关部门已采取措施，对这一现象进行科学研究”。这一消息不胫而走，作为“科学新发现”被全国各地的报纸转载。“美国之音”旋即广播，香港《大公报》和《明报》把它作为头版显位新闻渲染。国家科委和中国科学院收到由省、地、县科委和各单位党委送来的一份份报告，说他们也“发现”了类似唐雨的儿童。

其时，四川医学院和中国科学院心理研究所分别对四川的唐雨和北京的姜燕进行了测试，这两个科学机构的报告说，所谓耳朵“认字”完全是虚假的。于是，4月12日中共中央宣传部在《宣传动态》上发出通知，要求“未经科学鉴定的奇事不宜宣传”。4月23日国家科委和中国科学院的信访简报印发了四川医学院和中国科学院心理所的否定耳朵认字的测试报告。次日，中共中央宣传部长胡耀邦(1915～1989)对这个简报写了如下批示：

> 所有表演过这出丑戏的小孩子都没有罪。地县委居然轻信，党报居然发表，在向四个现代化进军中，居然出现这种荒谬绝伦的笑话，并由此推想各条战线上必然存在的能同这种笑话相比美的事情，我们该要多么警惕啊！
>
> 该要多么努力联系实际解决一些问题啊！

接着，《人民日报》在5月5日和5月18日先后发表了祖甲(该报记者陈祖甲)和著名教育家叶圣陶(1894～1988)的文章，公开批评“耳朵认字”的宣传。6月2日该报又公布了四川医学院关于唐雨的测试报告。于是，《四川日报》公开检讨，杨超也作了自我批评，一时间“耳朵认字”的风波平息。

事隔不久，李学联在香港《明报》上发表题为《耳朵认字，未必荒谬》的公开信。他凭据祖甲文章的观点批评中国官方领导人，说他们对超感官知觉和超心理学所知甚少，对耳朵认字作出了武断的结论。于是"唐雨案"重议的潜流萌动。上海《自然杂志》1979年第9期发表署名该刊记者的文章《"非视觉器官图像识别的观测报告"》，"耳朵认字"因而获得科学地位。接着，该杂志的第10期、第11期和第12期又一连发表了九篇特异功能专题报告。1980年2月上旬，《自然杂志》又主持召开了"人体特异功能科学讨论会"，十四名"神童"大聚会，在科学会堂公开表演。百家报纸争相报道，由于钱学森等著名科学家的支持，特异功能风靡全国。1980年10月15日上海《自然杂志》编辑部创刊《人体特异功能通讯》。1981年5月中旬，在四川重庆召开第二届"人体特异功能科学讨论会"，杨超主持开幕式，聂春荣（1911～1991）应邀讲话，钱学森提交了论文《开展人体科学基础研究》。出席会议者多达290多人，除台湾省外29个省市自治区都有人参加。这次会议上还成立了中国人体科学研究会。

在特异功能泛滥势不可挡之时，国家科委政策研究室于1981年10月上旬召开人体特异功能问题座谈会，并成立了人体特异功能问题调整查研究联络组，组织调查、收集资料并编印《人体特异功能问题调查研究资料》。于光远出面发表讲话、撰写文章，公开抵制。1981年11月4日，在中国自然辩证法研究会首届年会上，他发表了《要灵学，还是要自然辩证法？》的讲演。《知识就是力量》杂志分七期连载他的长文《评两年多来"耳朵认字"的宣传》。1982年2月24日中国科学院举行报告会，李昌首先发表讲话，要求停止反科学的特异功能宣传。接着于光远作《对人体特异功能的历史的、科学的分析》报告。次日，《人民日报》对这个报告会作了报导，同时发表了《两年来"人体特异功能"宣传简况》的文章，并加了编者按语，重新批评人体特异功能泛滥。3月中旬，国家科委政策研究室、中国科学院政策研究室和中国自然辩证法研究会联合召开第一次人体特异功能问题调查研究会。人体特异功能之争激烈到

“赵王鼓瑟”、“秦王击缶”的程度[1]。经过上层官员间的书来信往，4月10日已升任中共中央主席的胡耀邦下令：这不是我们的研究方向，不能公开宣传。长达三年多的特异功能热，才就此冷了下来。

热心于特异功能研究的人不仅认为特异功能是确切的事实，而且期望从这类研究中发展出科学的一种新范式。持反对态度的人，根据种种被揭露的弄虚作假以及检验的不可重复性，从根本上怀疑它的可靠性。在中国人体特异功能初兴之时就有人提醒，对以科学的名义散布不科学的和反科学的东西要提高警惕[2]。不久，曾骗过一些科学家并借科学大出风头的尤里·盖勒(Uri Geller)被揭露而成为美国科学界最伤心的“水门事件”。美国科学界羞于受骗，于1980年召开了一次“科学与伪科学”的讨论会，把一切有关超自然现象的描述和以此为基础的种种学说斥之为伪科学。就在美国科学界抵制伪科学之时，自然杂志社在上海召开人体特异功能科学讨论会，把人体特异功能领进科学的殿堂。

在特异功能热时期，北京大学引人注目。由于它的学术地位，它的教师们的意见受到公众的重视。查看一下有关上海第一次人体特异功能科学讨论会的报道，我们发现，几乎所有报纸都把北京大学列在各学术单位之首。而《中国新闻》(1980年3月12日)、《光明日报》(1980年2月13日)、《健康报》(1980年4月17日)、《新华社新闻稿》(1980年12月31日)还特别注意报道北京大学自然科学处处长陈守良和北京大学无线电电子学系副主任王楚副教授的报告。《自然杂志》1979年第10期至1982年第5期所刊登的53篇有关特异功能的文章中，北京大学占10篇。陈守良和王楚以及北京大学无线电电子学系副主任郑乐民教授等关于特异功能具

① 《人体特异功能通讯》第23期(1982年4月20日)刊载国防科委副主任张震寰给《人民日报》总编辑胡绩伟的信中说：你们已经写了“赵王鼓瑟”，我们要求也登“秦王击缶”。

② 石工(1979)，当心，以“科学”的名义……，《人民日报》，1979年7月7日。

有普遍性的报告，一度成为最引人注目的报告。陈守良等人的报告[①]公开发表以后，重庆医学院、太原铁路中心医院、山西中医研究所、安徽师范大学、蚌埠医学院、南通市人民医院等纷纷效仿，在少年儿童中进行普查。陈守良等报告说，对北京40名儿童的测试发现其中40%的人可以诱发出特异功能。而单嘉量和韩波则得出相反的结果，他们对2832名儿童的测试结果表明，无一人具有这类功能。

1982年3月16日香港《快报》发表题为《人体特异功能的骗局》的社论，对于为什么有那么多科学家和地方党政领导人如此容易被江湖术士所骗，进行了评论。社论认为，虽然这些极力鼓吹特异功能的人士出于"善良的主观动机"，但是他们在客观上"助长了反科学和反自然的迷信"。著名科学家钱学森在1982年5月5日致信中共中央宣传部常务副部长郁文(1918～　)，以党性向他保证人体特异功能是真实的；并以中国曾错误地批判过摩尔根遗传学、控制论、化学共振论、人工智能等前车之鉴，提醒他慎重处理有关特异功能的争论。

在人体特异功能热冷下来之后，又有"气功热"、"易经热"兴起。气功师自我吹嘘能腾云驾雾、呼风唤雨，不足为奇；著名学府竟也有人声称，气功可以在两千里以外改变水分子的结构。易经占筮术也披上科学的外衣，以"周易预测学"之名大量出版。以致激起中国科普创作研究所开办这类伪科学的曝光展览。王存臻、严春友所著《宇宙全息统一论》是一本以误解科学全息概念为基础的书，在哲学上都站不住脚[②]，却被非科学媒介作为新科学大肆渲

① 陈守良等(1980)，特殊感应的普遍性问题，《自然杂志》，第3卷(1980)，第5期，第334页。

② 施启良(1991)，宇宙统一于信息吗？——存臻、严春友同志商榷，《中国社会科学》，1991年第2期，第73～84页。

染。《科技日报》发表批评文章[①]后，此书又被作为“中国传统文化丛书”重版。知名哲学家汤一介为此书新版题词，说它“既是一种科学理论也是一种哲学理论”。

1990年12月，于光远发表对伪科学的评论[②]。他认为打着科学旗号的特异功能宣传属于伪科学，与伪科学的斗争不是百家争鸣的问题，而是揭露其欺骗策略。他还认为，对伪科学的研究是一个真正属于科学研究的课题，这种研究能够使人懂得严格的科学态度是怎么一回事。1991年1月，中国科学院的理论物理学家庆承瑞，发表有关病态科学的评论，她介绍了美国化学家，1932年诺贝尔化学奖得主朗缪尔1953年关于病态科学的论述以及当今科学界对此的重视[③]。虽然她的这篇文章主要针对所谓“冷聚变”，但也对“大跃进”中的超声波运动和外气功热的病态进行了批评，并且讨论了中国病态科学的特点。她提出的中国病态科学的两个特点是：(1)病态科学往往同政治结合，同路线挂钩，形成外行领导的群众运动；(2)病态科学常常利用领导批示或权威人士的表态来推动。1991年3月下旬，在北京召开的中国自然辩证法研究会全国代表会议上，中国社会科学院的科学哲学家邱仁宗发表了题为“科学中的非科学意识”的讲演。这次会议的学术主题是“树立科学意识，探索现代化社会主义建设道路”。邱仁宗的这个讲演是正题反论：“只有同一切反科学、伪科学和愚昧落后以及科学中的病态现象进行斗争，才能更好地树立科学意识。”他抨击了“特异功能”和“外气功”之类研究中的弄虚作假，指出这种伪科学的泛滥给科学和科学家以及社会造成的种种危害，追究了新闻媒介和党政干部

---

① 孙凯飞(1988)，“全息统一论”不是科学的理论，《科技日报》，1988年10月18日。

② 于光远(1990)，论科学与伪科学，《自然辩证法通讯》，第12卷(1990)，第6期，第22～27页。

③ 庆承瑞(1991)，病态科学，冷聚变及其他，《自然辩证法研究》，第7卷(1991)，第1期，第47～53页。

干涉科学自主运行的责任。

这场戏剧性的人体特异功能热,就其狂热程度来说,在中国历史上是空前的,在世界上也是绝无仅有的。"反相对论"和"人体特异功能热",中国近现代科学史上的这两个"奇迹",为反省和检讨中国人的科学意识提供了极为典型的案例。

科学活动的行为规范是在科学实践中形成的。虽然它不能孤立于它的社会背景,但却有别于其他社会行为规范。科学的社会体制实际上是由科学家组成的小社会。科学家的社会是相当单纯的,因为它有一个导向性的目的——探讨真实。然而,它必须解决每一个社会所共有的问题,去寻求一种个人与团体之间的妥协。它必须鼓励每一个科学家具备独立性,同时鼓励整个科学家的团体要宽容。这些条件便形成了主要的价值。由这些基本的条件,再逐步发展出一系列的价值:不守成规、思想自由、言论自由、公正、荣誉、人性尊严,以及自我尊重①。任何社会要想把科学活动作为其社会功能的一部分接受下来,也必须通过调整即存在的意识形态为科学创造可适应的社会环境。但是,科学是在资本主义制度下发展成熟并体制化的,科学活动的行为规范是在资本主义社会的文化背景下通过科学与社会的相互作用形成的。于是,在资本主义制度下成熟的科学被引入另一种社会之初,科学行为规范与该社会的其他社会规范,特别是意识形态规范,往往要发生冲突。

现代科学自它被引入中国社会以来一直处在两者之间冲突和相互调整的过程之中。科学同中国权势社会的儒家文化价值观的冲突,从明清之际到民初,持续了200多年。新文化运动提倡科学与民主,在很大程度上打击了儒家意识形态中对抗科学的成分。

---

① 布罗诺斯基著,陈扬英和蔡仁坚译,《科学与人文价值》,第106页,景象出版社,1977年。

但是，它所带来的科学泛化又埋下了另一种冲突的伏笔。

这种科学泛化被新儒家学派称之为“唯科学论”。我不能苟同他们反对科学染指社会人生问题的观点。但是，始自新文化运动的科学泛化思潮，毕竟导致自然科学在中国尚未立足或立足未稳之时，把远未成熟的社会科学抬到自然科学之上，甚至把根本不属于科学范畴的哲学尊为“科学的科学”。科学泛化的这一成分正是社会主义环境下科学活动的行为规范同意识形态冲突的历史根源。不是科学活动的行为规范不可改变，也不是马克思主义的意识形态不适合科学的发展，而是一些科学家的积习和一些马克思主义者的教条主义一时难于克服。在“反右运动”和“文化大革命”两个历史事件中，科学规范与社会意识形态的冲突的历史教训应该记取。

技术经济的觉悟

经过“文化大革命”的十年动乱，国家领导人和人民学到了很多，其中之一是“技术经济”的觉悟。1977年8月12～18日召开的中国共产党第十一次全国代表大会宣告“文化大革命”结束，1978年12月18～22日召开的中国共产党第八届中央委员会第三次全体会议决定把重点转移到国家的现代化建设上来，1980年12月25日至1981年1月5日，国家科学技术委员会召开全国科学技术工作会议，讨论科学技术发展方针问题。这次会议确定了发展科学技术的新的指导方针。这个新方针包括五个方面：第一是科学技术与经济、社会应当协调发展，并且把促进经济发展作为首要任务；第二是着重加强生产技术的研究，正确选择技术，形成合理的技术结构；第三是加强工农业生产第一线的技术开发和研究成果的推广工作；第四是保证基础研究在稳定的基础上逐步发展；第五是把学习消化、吸收国外技术成就作为发展中国科学技术的重要途径。这个新方针的确立，标志着中国科学技术的动力从国防向经济的转移，或者说发展科学技术的动力向着发展国家经济实力和改善人民生活水平转移。研究开发重点的这种转移是一个战略性的转变。

中国最初引进现代科学技术的洋务运动是以增强国防能力为目的。甲午海战中国败北于日本就更加增强了这种意识。南京国民政府时期，政府的注意力也主要在国防方面，1932 年设国防设计委员会(后改组为资源委员会)。抗日战争时期中国的科学技术事业很大程度上被国防化了。中华人民共和国成立之初，形势严峻。1950 年 6 月，美国把朝鲜战争的战火烧到中朝边境威胁中国的安全，其第 7 舰队又侵入台湾海峡干涉中国内政。接着美国同菲律宾(1951 年)、澳大利亚(1951 年)、日本(1951 年)、南朝鲜(1953 年)和台湾(1955 年)签订协防条约，形成对中国大陆的包围态势。1959 年中印边界武装冲突，1960 年中苏分裂后苏联在中苏边界陈兵百万。这时，中国几乎是四面受敌，不得不以巨大的开支用于维护国家的安全。在三年经济困难和十年“文化大革命”动乱时期都没有放松国防科学技术的研究，中国人民制造出原子弹、火箭和导弹。通过这些科学尖端武器的研制，国防科技系统的科学家和技术人员，掌握了一批尖端技术。但是对于民用工业技术则无力顾全，到 1970 年代末民用产业部门的设备和技术水平基本上是苏联援建项目及其翻新。1960 年代末，中国的国际环境紧张局面开始改善。随着 1971 年中华人民共和国政府取代中华民国政府在联合国机构的地位和 1972 年中美“上海公报”的发表，国际孤立的境况基本改变。1977 年宣布“文化大革命”结束，国内局势也稳定下来了。大陆和台湾的关系也开始缓和，中苏走向和解。1978 年 12 月中国共产党中央全会决定把国家的战略重点从阶级斗争转到社会主义现代化建设上来。于是才有科学技术发展战略的转移。

这个新方针，以“科学技术是生产力”的宣传为先导，通过第六个五年计划的六项措施的实施，在中国形成强烈的科技经济主义气氛。1981年4月16日中共中央和国务院转发了国家科委党组《关于我国科学技术发展方针的汇报提纲》。这个《提纲》的第一部分内容就是前面提到的新方针的五点要求，而第二部分内容就是六项措施：在“六五”期间，科学技术要为国民经济的发展解决几个重要问题；研究和制定重大技术政策；加强科技成果的应用推广，实行有偿转让；组织好技术引进和消化吸收工作；改革体制和整顿机构；搞好学术、技术交流和科学普及活动。于是有关的计划、政策、法律相继产生。

中国科学院迅速作出反应，1981年10月向中央提交了《关于加强中国科学院在促进国民经济发展中的作用的报告》。党和政府几乎竭尽全力领导和推动这个新方针的实施。1982年10月23日，在全国科学技术颁奖大会上，国家科委主任方毅作《科学技术工作者的崇高职责》的讲话，国务院总理赵紫阳(1919～2005)作《经济振兴的一个战略问题》的报告，强调“科学技术要面向经济建设，经济建设要依靠科学技术”。1983年1月国务院成立了以赵紫阳为组长的科技领导小组，开始着手编制国家长远科技发展规划。1984年9月15日成立了以副总理李鹏(1928～　)为组长的国务院电子振兴领导小组。1985年3月2日在全国科技工作会议上赵紫阳作《改革科技体制，推动科技和经济、社会协调发展》的报告。1986年开始实施推动乡镇企业的“星火计划”，1987年开始实施推广农牧渔业实用技术的“丰收计划”，1988年实施发展高技术的“火炬计划”。

一

科学技术是生产力，是推行科学技术面向经济和经济依靠科学技术方针的核心舆论。“科学技术是生产力”的论点来源于马克思1857～1858年写的《政治经济学批判》草稿。这部手稿1939～1941年首次公开发表。在这部手稿中有这样两段重要的话：

生产力当然包括科学在内。

固定资本的发展表明，一般社会知识、学问，已经在多么大的程度上变成了直接生产力。

以马克思主义为指导思想的社会主义国家，虽然在实践中始终把科学技术作为达到国家目标的重要手段，可是在理论上却一直未注意马克思关于科学技术是生产力的理论观点。作为第一个社会主义国家的苏联，一直把科学列为“上层建筑”，直到1961年苏联长期发展纲要才把科学排除在上层建筑之外，并宣称“科学的所有领域正日益形成直接的生产力”①。1975年胡耀邦主持起草的《中国科学院工作汇报提纲》中，第一次提出“科学技术也是生产力”，还发生了一场争论②。“科学技术也是生产力”这句话是对毛泽东一次谈话的概括。邓小平副总理肯定了这一论点，但当他向毛泽东主席汇报时，毛泽东说他不记得自己说过这样的话。查对出席这次会议人的笔记和原始记录都没有找到这句话。尚未来得及修改和公布，就开始批邓和反击右倾翻案风运动。这个汇报提纲作为科技界右倾翻案风的重大事件。“科学技术是生产力”作为汇报提纲的理论根据受到批判者的攻击。说它是“唯生产力论”和“技术决定论”，邓小平强调科学技术是生产力中的首要因素，目的是为排斥阶级斗争。1978年3月邓小平副总理在全国科学大会的讲话中，重申“科学技术是生产力”。1988年他进一步强调这个观点说：“马克思说过科学技术是生产力，这是非常正确的，现在看来这样说可能不够，恐怕是第一生产力。”③

科学界和理论界对这一提法的科学性有争议。由中国科学院科技政策局局长、兼中国科学院管理与科技政策研究所所长张云

① 扎列斯基等著，张恩光等译，《苏联的科学政策》，第388页，科学出版社，北京，1981年。

② 龚育之(1991)，一段历史公案和几点理论思考，《自然辩证法研究》，第7卷(1991)，第11期，第1～3页。

③ 邓小平(1978)，从战略高度考虑教育问题，《邓小平同志论教育》，第174页，人民教育出版社，北京，1990年。

岗主编的《中国自然科学的现状与未来》对此采取了慎重的态度，这可从书中涉及这个问题的一段话看出：

> 人们从社会发展进程中，逐步认识到，科学与技术是当代社会、经济发展的首要因素。……科学与技术，既紧密关联、互相促进，又有不同的内涵和功能。科学是人类认识自然世界的知识结晶，而技术则是知识的应用；技术是生产力，为经济发展作直接贡献，而科学则是技术的基础，推动技术的发展。世界科学与技术的发展史表明，以发展科学为主体的基础研究，是孕育、诞生新技术的土壤，从而是经济发展的后盾。[①]

这里只肯定技术是生产力，科学是技术的基础。这种提法，在以基础研究为主要任务的科学院，有代表性。从事近现代科学史研究的专家许良英教授对这个问题进行了更为直接的评论[②]。他认为马克思在《政治经济学批判》草稿中的那段话只表明科学知识在一定条件下可以转变成生产力，但不意味着它本身就是生产力。他说：严格说来“科学是生产力”这一说法并不科学，它存在着两方面概念上的混乱。他指出，首先这种说法把科学对社会的功能局限于物质生产方面，而忽视它作为一种客观而严密的知识体系和思想体系，一种求实、创新、所向披靡的方法和精神，在人类精神生活中的不可估量的意义和价值；其次是把科学和技术混为一谈，由此对科学提出不合理的要求，加以不合理的限制，使科学的发展受到人为的阻碍。

1991年5月在北京召开的中国科协第四次代表大会上有一个

① 张云岗主编(1990)，《中国自然科学的现状与未来》，第1页，重庆出版社，重庆，1990年。

② 许良英(1989)，关于科学技术发展规律的思考，《自然辩证法通讯》，第11卷(1989)，第1期，第40～46页。

关于"科学技术是生产力"的专题学术讨论①。中国科协书记处书记李宝恒(1931～2001),在题为《依靠科技,提高劳动生产率》的讲演中强调:"研究和宣传科学技术是第一生产力,当务之急不是寻章摘句、引经据典,而是要推动全社会采取正确的方针、政策和有效措施,使依靠科学技术进步,提高劳动生产率得到落实,以促进经济和社会长期、持续、稳定协调的发展"。

中共中央宣传部副部长龚育之在《一段历史公案和几点理论思考》为题的演讲中认为,邓小平强调科学技术是生产力,表现了马克思主义的理论勇气。中国科协研究中心主任袁正光在其《科学是先导,企业是关键,机制是根本》的演讲中,从科学、技术、生产的关系两种模式分析科学技术转化为生产力的规律。他认为以电磁理论的出现为界,科学、技术、生产的关系表现为两种模式,其前为"生产—技术—科学",而其后则是"科学—技术—生产"。他强调科学和技术各有其独自的规律,要求科学技术转化为生产力首先要促进科学自身的发展。他援引美国科学家亨利·罗兰的批评,主张中国要重视科学自身的发展。

美国著名科学家亨利·罗兰在他著名的《为纯科学说几句话》一书中说:"要运用科学,就必须让科学自身独立下去,如果我们只注意科学的应用,必然会阻止它的发展,那么要不了多久,我们就会退化成中国人那样,他们几代人没有在科学上取得什么进展,因为他们只满足于科学的应用,而根本不去探讨为什么要这样做的原因。"他对我国的评价也许是不公正的,但谈到重视科学自身的发展却是有道理的。袁正光认为科学不产生直接的经济效益,科技转化为生产力的动力和机制在企业,国家应该资助科学家进行自主的研究。

① 见中国科学技术协会工作部编印的《中国科学技术协会第四次全国代表大会学术活动论文汇编》,1991年。

二

军用技术向民用转移是中国对技术经济热望的一大特征。

第一次世界大战以后的三四年里，各国国防科研耗费巨大，许多优秀科学家和最先进的技术成果集中在军事领域，国防技术成果构成国家技术水平的制高点。这些技术成果主要被物化为武器装备，形成战斗力或者形成威慑力，为军事斗争或者政治斗争服务。和平时代到来以后，各国首脑几乎都开始思考这样的问题：以研制武器为主要任务，以保卫国家安全为唯一宗旨的国防科学技术能不能同时转化为生产力，为整个国民经济建设和社会进步服务？美国政府首先注意到这个问题。自1970年代以来，组织了几百名专家，专门研究如何实现军用技术向民用转移问题，以推动一个军用与民用良性循环关系。美国实施的“星球大战”计划便是这种思想的产物。差不多同时苏联也开始注意这个问题，把国防科技成果向民用领域推广和转移，作为长期科技发展战略。在苏联，1970年代初国防系统的技术民品占40%，而到1980年代初已上升为80%。

中国的高技术也集中在国防科研和国防工业系统中。中国在1950年代中期开始建立起专门服务于国防的研究和军工系统。中国的国防科工系统主要有两大部门：核武器研制系统和火箭导弹研制系统。前者于1956年成立了一个专门的工业部，后者于1964年也成立了一个专门的工业部。1958年国家设立专门领导国防科学技术的国防科学技术委员会。并且，中国科学院等研究机构也承担了大量国防科研任务。1967年国防科研体制调整，中国科学院所属与国防科研有关的47个研究机构，科技人员11328人，连同科辅和行政人员共3万余人，全部划归国防科委。而科学院只剩下13个直属研究所。可以想见国防系统集中了中国多少科技资源。

早在30年代中国科学家就已进入核物理学方面的研究。从

1955年开始，借助与苏联的科技合作，中国走上核工业的道路。这年1月开始勘探中国铀矿资源，7月成立了由国务院三位副总理陈云(1905～1995)、聂荣臻、薄一波组成的三人领导小组，并组建了国家建设委员会建筑技术局。1956年11月又成立了第三机械工业部，1958年改称第二机械工业部，1982年改名为核工业部。从1964年至1984年，中国进行了空中和地下的核试验三十多次。中国制造了原子弹和氢弹，打破了大国的核垄断。通过发展核武器掌握了主要的核技术，探索它的和平利用。中国的受控核聚变实验装置——"中国环流1号"已取得了第一批成果。5兆瓦低温核反应堆控制棒水力驱动系统研制成功，使我国成为世界上掌握这种技术的两个国家之一。秦山核电站也并网发电。

中国的航天技术事业是由中国力学家钱学森的建议开始的。1956年2月，他向中央提出"建立我国国防航空工业的意见"。同年4月成立了以聂荣臻为主任的中华人民共和国航空工业委员会，领导航空和火箭科技事业。10月成立国防部第五局和第五研究院(即导弹管理局和导弹研究院)。1964年成立第七机械工业部，1982年改称航天工业部，1988年3月与航空工业部合并成立航空航天工业部。自1970年发射第一颗人造卫星以来，截止1988年共成功发射各种类型的人造地球卫星25颗。现在，中国已掌握了卫星回收、一箭多星、发射地球同步静止轨道卫星和高能低温燃料火箭技术，形成西南、西北、北京、上海为基地的完整的航天工业科技体系；能够承担各种人造卫星、运载火箭、战略导弹、战术导弹的研究设计、试制试验和生产任务，数量仅次于苏联、美国、日本和法国，居世界第五位。1987年8月5日，"长征2号"运载火箭发射第7颗返回式卫星，卫星上装有法国马特拉公司的两个微重力试验装置，首次为国外提供卫星搭载服务。

国防系统高技术成果不只是"两弹一星"，仅"六五"期间就获国家发明奖300多项、自然科学奖112项、科技进步奖500多项，占全国获奖总数的27%。国防科技系统在航空、航天、核武器、舰艇、火炮、装甲、电子、计算机、测控、光学、材料、理论物理等各个领域取得了众多成果。但是,40多年来中国投资上千亿于国防科工系统所取得的高技术成果,其经济效益比值只是1∶1.02,扣除投资额,增值效益只有2%,而一些发达国家的增效额为10～20%。中国制造出原子弹,却不得不花钱从法国引进核发电设备。科学技术的国防倾斜影响了民用生产技术的进步。

对中国三百多国家重点大中型企业的调查分析①表明:

第一,中国工业产品和工艺的技术水平分布大约一半是1970年代的世界水平,1960年代水平的和1980年代水平的各占1/4,是一种均衡的机翼型结构,同世界水平相比差距十年。

第二,中国的设备水平也是均衡的机翼型结构,1960年代水平的设备约占一半,而1950年代和1970年代的各占1/4。但与产品工艺的机翼型结构不匹配,设备水平落后产品工艺十年,这表明中国现在是以1960年代的设备生产1970年代水平的产品。

第三,技术引进的吸收能力是一种高斜率的,1984～1987年三年平均值,正常使用率较高,达到90%,而仿制率只为9%,创新率不及0.5%。

中国把工作重点转移到社会主义现代化建设上来以后,国防科技和工业也进行了重大调整,从过去主要为军用服务,改为军民结合,保军转民,重点为国民经济和人民生活服务。从1979年起,中国共产党和国家领导人要求国防科技和工业部门服从国家建设大局,不单要完成武器装备的研制和生产任务,还要努力搞好民品的研制和生产,要把军工技术、特别是尖端技术向民用转移;与民用部门协作进行对国民经济发展需要的重大难题的攻关,保军转民、技术引

---

① 陈凡和刘玉劲(1990),关于我国大中型企业技术能力的测度与分析,《自然辩证法通讯》,第12卷(1990),第5期,第30～39页。

进、国内技术攻关三者结合起来。1985年中央军委扩大会议决定进行军事体制改革，军委主席邓小平在5月4日宣布裁军百万。1985年11月国防科工委召开了国防科技发展战略研讨会，1987年全面推行军工体制改革。

但是，军用技术向民用转移也遇到一些困难。由于国防科研活动本身所具有的定向性、对抗性、涨落性、时限性、计划性、保密性等特点，导致了国防科技成果在向生产力转化渗透的过程中，要受安全因素、技术因素、信息因素和市场因素等“瓶颈”的制约。[①]

三

科技产业的兴起是中国技术经济热望的显著特征。

1951年美国率先建立了世界上第一个高技术开展区——斯坦福工业园，接踵而来的是苏联的新西伯利亚科学城(1957)、日本的筑波科学城(1963)、法国的索菲亚－安蒂波利斯科学城(1969)的建设。

中国科技产业的兴起，首先发自台湾“新竹科技工业园区”的建设。台湾当局为实现“工业升级”，1976年，以美国斯坦福工业园区为蓝本，开始筹建新竹科学工业园区。这项工作是民间先动而后由“国科会”主持，教育和经济部门参加联合推进。在台北西北约70公里处的新竹选址划地，利用有利的科学环境，吸引外资和侨资，发展技术密集工业，作为台湾发展高技术产业的“苗圃”。1980年12月新竹工业园区的第一期建设完成，15家厂商迁入该园区正式开业。1987年进区企业已达到104家。

在台湾之后，在北京，首先由科学家主动开创，然后在政府的

① 乔松楼(1991)，国防科技向生产力转化中的“瓶颈”和对策，《中国科学技术协会第四次代表大会学术活动论文汇编》(交叉学科会场)，第46～48页。中国科学技术协会学会工作部，1991年5月。

支持下，形成“中关村电子一条街”。1980年10月23日，中国科学院物理研究所研究员陈春先(1934～2004)在北京等离子体学会常务理事会上发表了如下讲话：

> 这次到美国看了几乎所有重要的核聚变实验室，跑了十几个城市，比1978年那次深入得多。这次是民间学术交流，没有上次官方代表团那么些约束和应酬，谈得比较深入。我尤其想了解为什么美国核聚变实验效率那样高，工程、实验、理论计算结合得那么紧密，整个过程周期那么短。看来直接的原因当然是实验技术先进，制造设备和仪器的工厂水平很高，实验室的工程技术人员和研究生实验技术很好。但是，如果问个“为什么”，真正的关键还在于充满活力的工厂、学校、研究所密切联系的体制。

在这次会议上，在北京市科协和海淀区政府的支持下，他与中国科学院的物理研究所、电子研究所、力学研究所和清华大学的一批科学技术人员，创立了“先进技术发展服务部”。他们试图在以中国科学院、北京大学、清华大学为中心的智力密集的中关村地区，探索在中国的条件下发展类似美国“硅谷”和128号公路的技术扩散模式。1983年1月，陈春先的事业得到国家领导人的赞许，同年4月“先进技术发展服务部”发展成“华夏新技术开发研究所”遂成为技、工、贸结合的科技企业。

在“华夏”之后，在中关村科技企业迅速发展，1983年11家，1984年发展到40家，1985年发展到90家，1987年发展到148家。创建较早、名声较大者有：中国科学院与海淀区联合创办的“中国科学院、海淀区新技术联合开发中心”(1983年5月)、“京海计算机技术开发公司”(1983年7月)，中国科学院几名科技人员离职与海淀区四季青乡合办的“四通公司”(1984年5月)，清华大学的一些教师和校友共同创办的“海华新技术开发中心”(1984年8月)，中国科学院计算技术研究所、中国科学院科学仪器厂和海淀区农工商总公司各投股100万元创立“信通公司”(1984年11月)。适应科技产业的兴起，1986年1月11日，在北京成立了专营新技术投资的“中国新技术创业投资公司”。1987年5月3日“中国民办科技实业家协会”在北京成立。1988年5月20日北京市政府批准，在海淀区以中关村为中心的100平方公里左右的区域划为“新技术产业开发试验区”。

北京科技产业的兴起很快波及全国，到1988年9月全国已有万余家科技企业，30多万科技人员离开研究所到这些企业。在天津南开地区、上海漕河泾地区、武汉东湖地区、南京钟山地区、广州五山地区以及深圳市也像中关村地区那样，进行了新技术产业开发试验。进入90年代全国已有经国务院正式批准的高技术产业开发区50多个。

中国科技产业有四个特点：第一，它是自下而上地自发形成，然后由国家以优惠政策引导而发展起来的；第二，中国科技产业的启动是由脱离公职的科技人员自筹资金创设，带动国家研究机构投资兴办；第三，不论是“民办”还是“官办”的科技企业都采取了技工贸有机结合、市场竞争导向的运行机制；第四，它是高技术产业。

科技产业的这些特点一开始就引起公众的议论和国家领导人的注意。对陈春先的举动有两种反映：一种是同情和支持，另一种是非议。陈春先的举动，对于希望科技人员投入经济战线主战场的政府领导人来说，正合他们的期望。1983年1月中共中央主席胡耀邦、常委胡启立(1929～　)、国务院副总理兼国家科委主任方毅等国家领导人对陈春先的事业作了肯定的批示：陈春先带头开创新局面，可能走出一条新路子。于是《光明日报》、《经济日报》、《经济参考》等报刊也对陈春先的“先进技术发展服务部”作了肯定的报道。这对科学研究机构产生了一种冲击，特别是对中国科学院的领导人。“科海新技术开发公司”就是在民办科技企业冲击下出现的第一个官办科技企业。办公司成了中国科学改革的一个方面。副秘书长侯自强支持声学所副研究员屠焰办起“科理高技术公司”(1984年11月);胡启衡秘书长支持自动化所工程师张家林办起“中国自动化技术公司”(1985年3月);副院长周光召支持王震西办起“三环新材料研究开发公司”(1985年春),支持18名研究生办了个院办的“希望高级电脑技术公司”(1985年1月)。截止1987年11月,中国科学院共有6000余名科技人员走出实验室办起217个技术开发公司,其中院管公司14个,所办公司102个,与地方企业合办75个,中外合资26个。在1988年5月中国科学院成立了以院长周光召为组长的科技开发领导小组,同年6月又成立了群众组织,中国科学院企业家协会。

中共中央十分重视科技企业这一新生事物,指示其办公厅调查研究室会同国家科委、国家教委、中国科学院、中国科协、海淀区政府组成“中关村电子一条街”联合调查组,从1987年12月28日开始,进行了一个多月的调查,并以《希望的火光》为题,公布了调查结果[①]。中央书记处书记芮杏文(1927～　)为该书所写的序言对科技企业的兴起作了充分的肯定:

> 《希望的火光》这本书是中关村电子一条街的调查材料汇编。中关村电子一条街早已闻名全国,众说纷纭,引起了大家的议论和广泛的关注。这里有许多令人感兴趣的问题,例如,为什么电子一条街这几年得到迅速发展?它究竟是成功的还是不成功的?它的成就和经验是什么?这些经验有没有普遍意义?电子一条街是怎样把科学技术成果转化为生产力的?一些困扰我们多年的问题,比如技术进步问题和经济效益问题等等,能否从电子一条街中得到一些启示呢?这次调查,用大量的事实对这些问题作了肯定的答复;而特别是对于如何

① 于维栋编(1988),《希望的火光——中关村电子一条街调查》,中国人民大学出版社,北京,1988年。

解决一些困扰我们的问题，从中关村的经验中，看到了希望的火光。

中国科技产业的兴起和高技术开发区建设是在国际科学工业园区的发展进入高潮的时候开始的。在1983年，国务院总理赵紫阳提出研究世界新技术革命和中国的对策。1984年国务院批转了一份《新技术革命与我国对策研究的汇报提纲》，作为对策之一，就是试验建立新兴技术经济密集小区。1985年中共中央关于科技体制改革的决定，“要以特殊的政策逐步形成新兴产业开发区”，国家科委提出试办新技术产业开发区的报告。于是就有了国务院批准的50多个高技术和新技术产业开发区。

就世界来说，高技术开发产生于1950年代。自1951年美国斯坦福工业园创建以来，世界已有300多个各种类型的高技术开发区。这些高技术开发区也并非都是成功的。中国的高技术开发试验区是否能成功，现在评断还为时尚早。台湾新竹科学工业园区的外侨和省内投资1988年始呈大幅度下降。大陆诸高技术开发区虽然尚在上升期，但前景仍不明朗。许多关心中国高技术产业开发区建设的学者在讨论与此有关的种种问题。中国科学院高技术开发区研究课题组认为，高技术开发区是现代社会、经济和科技发展的必然产物，中国兴办高技术开发区有利于国际竞争、产业结构的调整和深化经济和科技体制改革，并且中国已具备高技术研究和开发的初步基础和社会环境。全国各地区在建设高技术开发区方面也表现了相当高的积极性。但是，也有不少人很是担心“一哄而起”的不良后果。

结 语

在勾画了中国近现代科学技术事业发展的大轮廓以后，应该有一段总括性的结束语，评价历史并展望未来。但是，我深知这是十分困难的。因为无论对历史的评价还是对未来的展望，只有依据充分的人类社会活动规律，才可能是可靠的。几千年来，特别是19世纪以来，学者们为探讨社会发展规律付出了许多劳动。恩格斯(Friedrich Engels，1820～1895)曾经相信：

> 社会力量完全像自然力一样，在我们没有认识和考虑到它们的时候，起着盲目的、强制的破坏作用。但是，一旦我们认识了它们，理解了它们的活动、方向和影响，那么，要使它愈来愈服从我们的意志并利用它们来达到自己的目的，这完全取决于我们了。①

但是，至今社会科学还很不成熟。社会的种种不和谐、混乱和危机表明，人们尚不能像驾驭自然力那样驾驭社会力量。虽然贝尔纳(John Desmond，1901～1971)早在1930年代就在其《科学的社会功能》(1938)中提出："科学和社会的繁荣昌盛都依赖于科学和社会的正确关

① 恩格斯(1880)，社会主义从空想到科学的发展，《马克思恩格斯选集》，第3卷，第437页，人民出版社，北京，1972年。

系。"他的这种见识也被普遍接受。但是，究竟什么样的关系才算正确的关系呢？在理论上至今仍然不十分清楚。为促进科学技术与社会的协调发展，世界各国进行了并且继续进行着种种试探性的实践，有成功也有失败。而对于这些实践效果的研究，仍缺乏明晰的理论概念及在此基础上演绎与归纳结合的分析。

科学技术与社会的协调发展是当今中国最迫切的问题。如何才能做到协调？这既是个实践的问题，也是个理论的问题。虽然在本书中我力图体现科学与社会相互作用在中国的历史，但仍有必要以结语的形式对这方面的一些经验和教训进行实事求是的总结。在这里我将论及技术与经济、科学与技术、自然科学与社会科学、历史与未来这几个人们普遍关心的问题。毛泽东在《新民主主义论》中强调的，以科学的态度寻求民族解放之路的告诫，对于进行这种总结仍有巨大的教益：

> 科学态度是"实事求是"，"自以为是"和"好为人师"那样狂妄的态度是不能解决问题的。我们民族的灾难深重极了，唯有科学的态度和负责的精神，能够引导我们民族到解放之路。真理只有一个，而究竟谁发现了真理，不依靠主观的夸张，而是依靠客观的实践。只有千百万人民的革命实践，才是检验真理的尺度。[①]

技术与经济

科技与经济发展水平的不对称是中国科技与经济不协调的一大特征。这主要表现在，能够反映中国在世界地位的两个参数不

① 毛泽东(1940)，新民主主义论，《毛泽东选集》，第2卷第623页，人民出版社，北京，1976年。

相称。反映一个国家科技水平的参数是，其科技论文进入国际四大检索系统总数的位次，而反映一个国家经济水平的参数是人均GNP的排位。1989年，中国论文总数排世界第十七位，而GNP则为第七十七位。这种不对称反映着科技与经济的严重脱节。

由于长期以来技术与经济脱节，在中国的经济发展中技术进步的贡献一直未起主要作用。即使在“文化大革命”后的1981～1989年间技术进步对经济发展的贡献也只有30%，远低于发达国家60～80%的水平。史清琪等[①]对1952～1982年中国经济增长中技术进步、劳力和资金各自的贡献所作的计算，表明技术进步贡献低下是历史性的。

中国经济增长的各种贡献的比较(1952～1982)

部门或地区	技术贡献(%)	资金贡献(%)	劳力贡献(%)
独立工业	27.8	22.3	49.9
纺织系统	40.1	18.3	41.6
建材系统	32.5	24.0	43.5
食品系统	31.9	22.4	45.7
电力系统	29.8	17.7	52.5
机械系统	28.8	20.2	51.2

之所以出现这种科技与经济水平严重不对称，最重要的原因在于，中国的科技发展长期以来主要是以国防的需要为动力。花费大量的人力和财富研制的原子弹、氢弹、导弹和其他高技术的军品，以及大量的常规军工技术投入都是为国家的安全服务的，不对国民生产总值和总量的增长作贡献。1980年代以来，实行以经济建设为中心的改革开放的新方针，经济才成为科技发展的主要动力。

在“科学技术是生产力”的高浓度的技术经济气氛下，经济学

① 史清琪等(1985)，《技术进步与经济增长》，第108页，科学技术文献出版社，北京，1985年。

界和科技界都从各自学科的角度阐述技术与经济的密切关系。经济学家李京文(1932～　)出版了《技术经济的理论与方法》[①],科学家钱时惕(1935～　)出版了《科技经济结合论》[②]。大量的著作所关注的是技术与经济的联系,只有极少的论文讨论它们之间的差别。李刚的博士论文[③]显得十分重要。他注意到技术与经济的背反,技术进步未必总是促进经济发展,经济发展也未必总是依靠技术进步。不成熟的技术、尚未进行应用研究的技术、不适用地域性的技术、与其他技术不配套的技术、成本很高的技术、没有市场的技术、不能获取利润的技术、竞争失败的技术以及由于道德、文化、法律、经济制度、体制、贸易、政策和技术标准等因素影响,不能进入生产过程,自然不能对经济增长有所贡献。企业的经济发展也有许多非技术途径,扩大规模、加大劳动强度、提高价格、偷工减料、制造伪劣品、正当和不正当的销售手段、开拓新市场、开发无技术进步的新产品、开发新资源、投机倒把、卖商标、改进管理、启用能人、企业文化、交通发展、生产关系变革、政治和军事变动、政策因素以及其他途径的机遇。这些技术与经济的背反涉及技术供方和需方两方面的问题。

在中国妨碍技术与经济协调发展的主要问题是缺乏市场的调节。"市场经济"一词早在19世纪末期新古典经济学兴起以后就流行起来。所谓市场经济,是指在这种经济中,资源的配置是由市场机制引导的。因为市场被看作商品经济运转的枢纽,货币经济和商品经济也开始被称作市场经济。在中国长期固守计划经济是社会主义经济的特征,而把市场经济看作资本主义的。1978年7月～9月,国务院开了多次务虚会,提出"计划经济与市场经济相结合"的思想。

---

① 李京文(1986),《技术经济的理论与方法》,四川科学技术出版社,成都,1986年。

② 钱时惕(1992),《科技经济结合论》,河北科学技术出版社,石家庄,1992年。

③ 李刚(1993),《论技术与经济的区别与联系——技术与经济的关系及其社会影响》,中国人民大学,1993年。

1979 年 4 月在无锡召开的“社会主义经济中的价值规律问题讨论会”前后，不少经济学家采用了市场经济的概念。1979 年 11 月 26 日邓小平同《大不列颠百科全书》副总编辑吉布尼等人的谈话中提出“社会主义也可以搞市场经济”。1984 年 10 月通过的《中共中央关于经济体制改革的决定》确认了社会主义经济是公有制基础上的有计划的商品经济。由于这个决定强调“不是那种完全由市场调节的市场经济”，又引起经济学界的讨论。1988 年，国务院批准广东作为综合改革的实验区，广东省经济学界为了在理论上作超前的探索，举行了“社会主义初级阶段市场经济双月讨论会”。会上基本取得了一个共识：“世界上有以私有制为基础的资本主义市场经济，也应该有以公有制为基础的社会主义市场经济；曾经有无计划调控的自由市场经济，也有宏观调控的计划市场经济，我们应当研究和实践社会主义市场经济。”1989 年“六・四”风波以后，由于政治气候的变化，有的领导人说中国不实行市场经济，因而很快出现批判市场经济的热潮。北京《理论信息报》1989 年 8 月 7 日发表署名文章《经济领域资产阶级自由化的十二种表现》，把崇尚市场调节的使用列为资产阶级自由化的第八种表现。1990 年 12 月 17 日《人民日报》发表高狄的文章《社会主义必定代替资本主义》，说“市场经济，就是取消公有制，就是说，要否定共产党的领导，否定社会主义制度”。1991 年 3 月 2 日《解放日报》发表皇甫平的文章《改革开放要有新思路》，明确提出计划和市场都是资源配置的手段，而不是划分社会制度的标志，资本主义有计划，社会主义有市场。1992 年春，邓小平南巡讲话指出：“计划多一点还是市场多一点，不是社会主义与资本主义的本质区别。计划经济不等于社会主义，资本主义也有计划；市场经济不等于资本主义，社会主义也有市场。计划和市场都是经济手段。社会主义的本质，是解放生产力，发展生产力，消灭剥削，消除两极分化，最后达到共同富裕。”此后，社会主义市场经济理论研究蓬勃发展。1993 年 11 月 6 日中共中央十四届三中全会做出《关于建立社会主义市场经济体系的决定》。改革开放十五年在社会主义市场经济方面的实践和理论获得了合法化的地位和进一步发展的保证。科技与经济的协调发展也就有了作为调节机制的重要社会条件。

有了市场经济体制还需要进一步在它的基础上探索技术与经济结合的具体的途径。途径的选择也有战略性的问题。在国际高技术竞争的时代,如何实现高技术产业化极为重要。中国科技发展的三层次安排,在指导思想上的问题是高技术与传统产业的技术改造脱节。面向经济主战场的"科技攻关计划"、"丰收计划"、"星火计划"、"国家科技成果推广计划"和"燎原计划"等,主要精力是以传统技术改造传统产业,而把发展高新技术产业的希望寄托于发展高新技术产业的"火炬计划"及其试验区,传统技术改造与发展高新技术两股道上跑车。中共中央关于建立社会主义市场经济的决定明确提出用高技术改造传统产业的要求还算补救适时。世界产业革命的历史所表现的规律性是,传统产业是革命的主角。产业革命的兴起多是由传统产业的革命性的改造和发展,而不单是摆脱它们建立新产业的结果。产业革命发生和发展的条件在传统产业中。在这种意义上说,改革开放以来兴起的乡镇企业是中国发展高新技术企业最理想的阵地[①]。改革开放以来中国的科技成果进入生产的,其中60%以上为乡镇企业所吸收。由于乡镇企业较好地运用了市场机制,是当今中国经济中最活跃的成分。高新技术与乡镇企业成功的结合,必将带来经济格局的极大改变,创造出经济史上的奇迹,适合中国的现代化道路将在这个过程中孕育成形。

乡镇企业异军突起是中国农民的伟大革命。1987年是中国经济史上的转折年。由于乡镇企业的崛起,中国乡村的工业产值超过农业产值。乡镇企业不仅在国营大中企业滑坡之际蒸蒸日上,

① 任元彪和董光璧主编(1993),《高科技与中国乡镇企业》,中共中央党校出版社,北京,1993年。

而且经受住了1986年的严峻考验。在军品向民品转移、国营大中企业开始活化、城市民办企业兴起，在所谓“老虎下山”、“狮子松绑”、“猴子上树”的挑战下，被称为“兔子”的乡镇企业经受了优胜劣汰的选择，70万家倒闭又有更多的企业勃起。1987年上半年，乡镇企业的税金和纯利分别增长30%和24%，而同期的国营工业利税却只增长了0.8%。在国家基本没有投资的情况下，乡镇企业吸收了约达1亿的农村剩余劳动力，年产值已达1万亿元。虽然他们千辛万苦积累的数百亿固定资产尚不及国有企业资产的万分之一，却创造了三分天下有其一的产值。“失业”和“半失业”的农民创造了奇迹，不但实现了自救而且造成经济改革“农村包围城市”的新形势。

中国素有发达的手工业，直到1760年，不仅总产量居世界之首，而且人均产量也不在当时欧美诸国之下。发自欧洲的工业革命使中国相形见绌。19世纪中叶中国开始成为资本主义国家机器产品和资本输出的对象。海外工业向中国沿海和傍江城市扩散，进而又渗入内陆城镇。民国初年，虽然机器行业率已达90%，但机器制造业却微乎其微。直到1950年代初，中国仍然是家庭手工业、工场手工业和机器工业并存的三元结构。人民共和国模仿苏联，采取高度集中的产品经济模式，把工业的发展几乎完全限于城市。为改变这种局面而由国家倡导的“大跃进”时期的公社大办工业和“文化大革命”时期的五小工业都没有成功。改革开放以来的新形式给农村工业化带来了新的生机。

中国超前实行资本密集型重工业是以牺牲农民利益为条件的，以工农业产品剪刀差的形式从农业获取五千亿发展工业的巨额资金。而发展农业则主要靠廉价的农村劳动力积累的一千亿。两次工业“大跃进”带来的都是农业的大衰落。农民对此不能长期忍受，要起来维护自己的利益。如果说联产承包是他们求生存的壮举，那么兴办工业则是夺取剪刀差损失的革命行动。

中国乡镇企业的兴起不是命运，而是人的行动。中国“草根工业”的异军突起有如历史上的英国“茅舍工业”革命，是农民的自觉行动。中国农民的这次革命，不是天才人物的倡导，而是深藏在农民心中之自救信念的驱使。乡镇企业的崛起是中国乡村工业化的曙光。八亿农民的自觉革命是东方“雄狮”的真正苏醒。这是十一亿人民起来创造中国经济社会的觉醒。

既然把建立中国社会的经济中轴作为方向，也就是以经济建设为中心，我们就要将发育中国的经济社会作为大业。中国是以农民为主体的国家，以牺牲农民利益或无视农民的任何方案都会化为空想。八亿农民的乡村工业化行动显示了农民的强烈要求和举足轻重的力量。工农业产品的剪刀差继续扩大的趋势必须尽快逆转，再也不能以忽视八亿农民来维持三亿人的生活水平了。

乡镇企业的出人意料的成功绝非偶然，“草根工业”革命必然有其内在的生命力。乡村工业化是农民的行动，是中国的希望，是发育中国经济社会的大业。技术与经济的协调统一要在这里下工夫。

科学与技术

“科学技术”常常作为一个词使用，在日常生活中不会发生大的歧义，但在学术领域则往往显得不够精确。对于许多理论问题的探讨，区分“科学”与“技术”是必要的，尽管这种区别是相对的。总结历史和展望未来，事关中国科学技术的发展战略和方针政策，作这种区别更是十分重要。但是，对于科学与技术的区分，在学术上尚没有一个完全一致的、合理的意见。有一种技术的社会建构理论，反对技术与科学、纯科学与应用科学、技术和社会的内部与外部因素等二分法，主张避免对知识领域的划分，宁可使科学与技术保持混沌不清的状态。当然，这只是一家之言，被提出的各种区分标准还是很多的。从知识的视角看，科学是理论的知识，技术是可操作的知识；从方法的视角看，科学的方法属于发现，技术的方法属于发明；从活动的视角看，科学的目的在于认识，技术的目的在于实践。

谋划中国科学技术事业的未来，科学与技术的投入比例是头等重要的战略问题，事关国家的长远利益。在中国，基础研究与应用研究的关系问题，实质上是科学与技术的关系问题。早在1956年制定十二年规划时就涉及要不要开展基础科学研究的意见分歧，基础科学研究究竟应摆在什么位置，时至今日仍然是个争论不休的问题。对于十二年规划要不要把"自然科学中若干重要的基本理论问题"，作为规划的最后一项(第12项)列入，薄一波有如下一段回忆：

> 对(12)项，从讨论一开始就有分歧，有人说，我国科技发展还处于初级阶段，工农业生产和国防建设中有着大量的科技问题急需解决，现在发展应用科学是当务之急，不应再牵涉精力开拓别的领域。大多数人则认为，我们现在着重发展应用科学是对的，主要精力也要往这里投入，可是理论科学作为应用科学的基础，我们绝不能放松，也要有人从事这方面的工作，正确处理好理论科学与应用科学的关系。这一点，周(恩来)总理看得更远，指出，"如果我们不及时地加强对于长远需要和理论工作的注意，我们就要犯很大的错误。没有一定的理论科学的研究作基础，技术上就不可能有根本性的进步和革新。"他的意见，博得了大家的赞赏和同意。[①]

周恩来的意见不只是他个人的远见卓识，而是人类从科学技术的几百年发展史中获得的宝贵经验。1945年，美国科学研究发展局主任布什(Vannevar Bus，1890～1974)向总统罗斯福(Frank-

① 薄一波(1991)，《若干重大决策和事件的回顾》(上卷)，第514页，中共中央党校出版社，北京，1991年。

lin Delano Roosevelt，1882～1945）提供了报告《科学——没有止境的前沿》，美国国家基金会主任 A. T. 沃特曼为 1960 年重印它所写的导言认为，这报告“最主要着重点就是关于基础研究的重要性”。布什的报告强调：

> 今天，基础研究是技术进步的先行官，这点比以往任何时候都更确实。19 世纪，美国人在机械方面的独创性大大地发展了工艺技术，这种独创性主要建立在欧洲科学家的基础科学发现之上。现在不同了。一个在新基础科学知识上依赖其他国家的国家，它的工业进步将是缓慢的，它在世界贸易中的竞争地位将是虚弱的，不管它的机械技术多么高明。[①]

日本在第二次世界大战以后的二十多年里，依靠技术引进一跃而成为技术经济发达的国家，但是基础科学仍然落后。经过反省，他们已开始在基础研究方面奋起直追。

在中国，基础科学研究的适当地位一次又一次地被干扰和动摇是应该深思的。特别是在“文化大革命”中，陈伯达、姚文元（1931～2005）作为中央文革小组负责人直接指挥的批判爱因斯坦及其相对论的反科学运动，对于基础科学研究发展的舆论危害是严重的。周恩来总理不得不亲自出面，连续多年强调基础科学研究的必要性和重要性。

在“文化大革命”反科学思潮中，不顾科学和技术本身的发展规律性，对基础理论研究的虚无主义态度和对应用技术研究的实用主义态度泛滥，基础科学理论研究几乎被扼杀。除同军事有关的科学研究机关外，其他被大批解散，科学研究人员被迫“下放”到工厂和农村。幸免解散的少数科学研究机构，在“以任务带科研”

---

① 布什著（1945），张炜等译（1985），《科学——没有止境的前沿》，第 51～52 页，中国科学院政策研究室，1985 年。

的口号下也成为直接服务于生产的试验工厂，基础科学研究几乎被砍光。高等院校理工科恢复教学以后，由于推行“以产品为中心组织教学”，大大削弱了基础理论的教学和研究。在科学研究陷入长期停顿和全面瘫痪的垂危之际，周恩来以极大的耐心挽救危局。从1970年起，他一再指示科学研究部门要“搞点基础研究，把实践提高到应有的理论高度”，科研工作出现一线转机。1972年夏，周恩来总理做出一系列指示，特别要求中国科学院开展基础理论研究，叮嘱“一定要认真实施……不要如浮云一样，过了就忘”。他还请众望所归的科学家周培源(1902～1993)出面“提倡一下理论”。周培源写了《对综合大学理科教育革命的一些看法》，强调科研要走在生产前面，大学要加强基础理论的教学和研究。经过若干周折，周文在1972年10月6日的《光明日报》上发表。但随之而来的是一场精心策划的对自然科学基础理论研究的文化围剿。

姚文元在组织这次围剿中，提出他的以哲学取代自然科学基础理论的“代替论”。他说：“现在有一股风，强调基础理论。”“那些口口声声要重视基础理论的人，其实最不懂马克思主义。我们的自然科学理论指什么？就是马克思主义哲学，指自然辩证法。”“基础理论的基础是马克思主义哲学，最基础的理论是马克思主义。离开了马克思主义，那里有自然科学理论。”于是，《文汇报》等报刊转述这种“代替论”的文章喧嚣一时，成为“反回潮”大合唱的一个和声部。

一系列纠正“左”的措施在1973年见效。这年实现了工农业总产值增长9.3%的好成绩，技术进步的水平也恢复到接近1966年的水平。1975年，周恩来在《政府工作报告》中提出在20世纪内全面实现农业、工业、国防和科学技术“四个现代化”的口号，而不只是长期以来的“工业现代化”。此后，中国在邓小平思想影响下，迅速进入改革开放的新时代，科学技术被提到生产力的首位。“科学面向经济”的新方针，明确把基础科学研究和应用科学研究安置在三个层次的第三位。产业技术第一，高技术第二，基础和应用研究第三。

中国已经确定了基础研究2000年的战略目标和战略重点。所确定的战略目标是，能够独立地研究和解决一批中国经济建设和社会发展中面临的农业、能源、自然资源、环境、自然灾害和人口与医疗保健中提出的若干重大科学问题；在跟踪、发展信息技术、生物技术和材料技术等高技术的同时，通过基础性研究对其中一些单元技术做出重大突破，填补一些重要前沿领域和边缘学科空白或加强其薄弱部分，并发展若干重要的边缘交叉学科；在数学、物理学、化学、天文学、地球科学、生命科学、技术和工程科学的某些优势领域取得一批具有世界先进水平的成果。[①] 尽管如此，科技界，特别是从事基础理论研究的科学家们，仍然认为政府对基础科学研究的重视不够。反应比较强烈的问题是基础研究的投资强度偏低和增长不稳定。据1985年统计，全国用于基础（含基础性应用）研究的投资约占国家科技投资的3.2%，占研究与开发经费的5.1%。世界上许多国家在基础研究、应用研究和发展研究三类经费的比例上，一般取1∶2∶5～6，也就是说基础研究经费约占三类研究经费总和的11～13%。在中国，三类研究经费的比例大致为1∶4.5∶8.6，基础研究只占7%。一比较即可看出中国的偏技术的倾向。从基础研究增长率看，1980年代后半期中国政府对待基础研究的政策仍是不稳定的。相对1987年，1988年基础研究经费的增长率为－22.5%，而1969年则为9.9%。这种不稳定性，不是一时的，也不只表现在基础研究上，而是全面的、历史性的。龙建桥等人对1953～1988年36年间中国科技投资的分析[②]，揭示了它的历史的波动性。

---

① 张云岗主编(1990)，《中国自然科学的现状与未来》，重庆出版社，重庆，1990年。

② 龙建桥、邹珊刚和杨佐仪(1993)，我国基础研究经费问题及其对策，《自然辩证法研究》，第9卷(1993)，第5期，第20～28页。

中国科技支出(A)占国家财政支出(B)比例

年份	A(亿元)	A/B(%)	年份	A(亿元)	A/B(%)
1953	000.56	0.3	1971	037.68	5.2
1954	001.22	0.5	1972	036.10	4.7
1955	002.13	0.7	1973	034.59	4.3
1956	005.23	1.7	1974	034.65	4.4
1957	005.23	1.7	1975	040.31	4.9
1958	011.24	2.8	1976	039.25	4.9
1959	019.15	3.5	1977	041.48	4.9
1960	033.81	5.2	1978	052.89	4.8
1961	019.49	5.5	1979	062.29	4.9
1962	013.74	4.5	1980	064.59	5.3
1963	018.61	5.5	1981	061.58	5.5
1964	024.27	6.1	1982	065.29	5.7
1965	027.17	5.8	1983	079.03	6.1
1966	025.03	4.6	1984	094.72	6.1
1967	015.35	3.5	1985	102.59	5.6
1968	014.80	4.1	1986	111.60	4.8
1969	024.15	4.6	1987	112.82	4.6
1970	029.96	4.6	1988	116.40	4.4

基础科学研究的连续性要求投入稳定增长,中国基础研究经费如此强烈地波动,是政策摇摆的表现。这类对基础研究不够重视的政策问题,在科研管理中也有反映,有时在有些问题上混淆经济规律和科学规律,用技术政策代替科学政策,甚至以经济政策代替科学政策。①

中国台湾有吴大猷的"学府路线"与1960年代逐渐兴起的"军经贸路线"的抗争。吴大猷将科技分为基础研究、应用研究和技术,依次前者为后者的基础,并且他认为基础之与应用和技术只具有引导和工具的功能。因此,他主张学府研究不受工业支配,政府

---

① 张云岗主编(1990),《中国自然科学的现状和未来》,第11页,重庆出版社,重庆,1990年。

和工业应尊重学府的自由，让学府单独做知识追寻的探讨。吴大猷以“地基”比喻说明基础研究的重要性：

> 代表一极端的观点和政策，是集中人力和经费于一、二项特殊计划，谋求高度之发展。这个政策，可能于短的时期中，获得些成果。尤其是纯技术性的事项，以大力赴之，自可有所成。代表另一极端的观点和政策，便是从建立国家的科学基础，和从长期培养人才着眼，做一全面性的从根作起的计划。这个好似迂缓的政策，和前述的另一极端政策的区别，譬如先在松浮的地面建造深厚的地基，再谋建筑巨大楼厦一样。[①]

自然科学与社会科学

“自然科学”与“社会科学”的区分只是就其研究对象而划界。无论从知识的视角、方法的视角还是活动的视角看，科学都应该是一个统一的整体。在中国，“社会科学”这一用语与国际学术界的惯常使用缺乏共识，往往把哲学、文艺等人文学科包括在其中。因此，“自然科学没有阶级性，社会科学有阶级性”的错误论断，长期支配着为数很多的学者的头脑。在以“阶级斗争为纲”的政治思想路线下，社会科学与自然科学的地位的差别被人为地制造出来。社会科学成了“指导”自然科学的科学，哲学被视为自然科学与社会科学知识的最高概括，而成为“科学的科学”。于是，在“无产阶级专政”的国度里，在教条主义者手里，马克思主义哲学成了自然科学的裁判官。

几十年的历史，人们的记忆犹新。相对论、控制论、量子力学、化学共振论、摩尔根遗传学、心理学、宇宙学等现代科学理论，一个

① 吴大猷(1986),《基础科学与应用科学》,远流出版公司,台北,1986年。

个被拉上哲学的法庭，宣判它们违犯了哲学的律条。哲学对自然科学的这种粗暴的干涉，毁誉了马克思主义哲学，也一般地毁誉哲学。造成自然科学家疏远甚至厌恶哲学。在这种情势下，自然科学家与社会科学家之间形成某种隔阂，妨碍了他们之间的本来应该有的密切关系和合作。这无疑影响了中国科学事业的正常发展。

长期以来，一些马克思主义学术理论家认为，社会主义国家的社会科学比自然科学先进。其实这是一种错觉。就全世界来说，至今仍然处于社会科学远落后于自然科学的状态，中国也不例外。科学首先从自然科学发展成熟起来，社会科学仿效而生。虽然从 18 世纪起人们就开始努力发展它，但同发达的自然科学相比，至今也没有几个学科可以称作名副其实的科学。几十年来人们相信了一种误解，以为在社会主义国家里社会科学比自然科学发达。其实，那是把基本上思辨的社会理论误认作科学。今天被称之为社会科学的各学科，其中的许多在相当大的程度上还处于"社会技术"的水平。

社会技术[①]在国际学术界并不是一个新概念，但在中国多数学者对它仍然生疏。其实，仅从自然科学与社会科学对称的逻辑考虑就可推断它的存在的合理性。那么，究竟什么可以视为社会技术？类似自然技术知识物化在工具、仪器、设备之中，社会技术实化在各种社会组织之中。政治组织（政府、议会、法院）、经济组织（工厂、农庄、商店、银行、保险公司）和文化组织（学校、医院等）都是社会技术的载体。社会技术和自然技术的历史几乎一样源远流长。但从其科学性的视角看，社会技术却远远落后于自然技术。无论是自然技术还是社会技术，都首先是从经验中产生并发展起来的。但是，在自然科学发展起来之后，自然技术又增添了

① 董光璧(1989)，论社会技术，《自然辩证法报》，1989 年第 10 期，1989 年 5 月 10 日。

自然科学这个基础，从而成为“科学的自然技术”。而社会技术之所以落后于自然技术，就是因为缺乏真正合格的社会科学为其基础。为形成真正的“科学的社会技术”，社会科学家就必须像自然科学家那样去发展社会科学。自然科学之所以取得如此长足的进步，关键之一是它摆脱了宗教意识。而社会科学要想取得真正的进步，就不只是要摆脱宗教意识，而且要摆脱一切社会意识。今天被称之为社会科学的各学科，实际上在相当大的程度上还被禁锢在各种意识形态的牢笼中。

在科学技术做统一理解的基础上，建立“自然科学和技术”与“社会科学和技术”的概念上的区分，既有利于通过知识的整合形成统一的科学，也有利于社会科学的真正进步，同时它也为建立科学和技术之间的战略性关系铺平了道路。人们常说科学是中性的，而技术则不是，因为技术的使用取决于意识形态，因而科学和技术的联系可能是有害的。这里的技术显然是意指自然技术。引进社会技术这一概念，我们就可以把“使用自然技术”视为“社会技术”。社会技术不必一定同意识形态相联系，只要社会技术达到“科学的社会技术”的水平，它也就成为同社会意识形态无关的、中性的。

虽然社会科学不如自然科学发达，但几百年来学者们的努力并没有白费，也有很多进展，特别是在经济学领域。中国社会科学家也曾针对中国社会的现实发表不少科学的真知灼见。例如，在经济理论方面，1950 年代杨献珍（1896～1992）等关于过渡时期的经济基础的“综合经济基础论”，1960 年代李平心（1907～1966）关于生产力的研究，1980 年代“社会主义市场经济”理论。由于社会科学没有独立的地位，前两者都受到批判。综合经济基础论被批判为“机械唯物论”，生产力的科学研究成为禁区。社会主义市场经济理论的命运则大不相同，经过十多年的争辩和讨论，1993 年中共中央全会做出决定，改革开放的中国实行市场经济。由于社会科学盛行注释之风，有生命力的理论见解往往不被见容。马寅初(1882～1982)的人口理论是社会科学厄运的典型代表。

人口压力是中国的重要社会问题之一，只在1970年代才引起国家领导人和公众的重视。这种情况的发生，并不是社会科学家无能，而是国家领导层和社会不尊重社会科学的结果。

早在明末，徐光启和宋应星都注意到中国社会的人口压力。徐氏把他的见解记录下来，宋氏也以诗的形式表达出来。最早对人口进行理论研究的是清代著名朴学家洪亮吉(1746～1809)。他得出人口以五倍于生产力增长的速度发展，并认识到它必将导致未来社会的危机。果不其然，在中国步入现代的前夕，出现了人口的第一次急剧增长的高峰期。自1741年(乾隆六年)至1840年(道光二十年)的百年间，全国人口从1.4亿增加到4.1亿，平均年增长率1.8%。从1840～1947年，由于帝国主义的侵略造成的贫困，全国人口平均增长率仅为0.09%。中华人民共和国成立后，中国人口出现第二次剧增高潮。在前八年里，人口增长率上升到有史以来的高水平，达到年增长率2.3%。

在第二次高潮已经形成之时，社会学家马寅初感到了人口危机。他在1957年5月5日的《人民日报》上发表了《新人口论》。他看到人口负担的严重性，呼吁节制生育、控制人口增长。他的见解作为“新马尔萨斯人口论”受到批判。他坚持自己正确意见的答辩和重申没有得到重视，而且他的北京大学校长职务也于1960年被撤销。当国家领导人看到人口负担时，为期已晚。尽管采取了计划生育的各种措施，1990年人口已达11.6亿。

差不多与马寅初同时，美国历史学家、中国问题著名专家费正清，在中苏对比的意义上，对中国的前景所作的悲观预断的论据就是中国人口众多：

> 如果我们从两国人口的增长和他们两国人口对粮食资源的比例来观察,则中国赶过俄国的前景显然更为暗淡。中国人口过于众多,据估计已超过6亿,而且还在以每年1%到2%的速度增加,又比较缺少可耕的新土地,说明中国的人口一定对粮食供应造成压力,而俄国没有这样的问题。因此,中国的生活水平在可以预见的将来不大可能大为现代化,就是说从竹子大米,或竹子与小米所构成的水平提高它,虽然中央集权的中国可能建成一个具有重工业和军事威力的上层建筑——它是一个腹部虚弱的庞然巨人。①

巨大的人口数量使中国的人均资源大多低于世界平均水平。土地人均不足15亩,为世界平均数的1/3多一点;林地人均1.8亩,不及世界平均数的12%;草场人均5亩,不及世界平均数的一半;水资源人均2700立方,只及世界平均数的1/4;矿产方面中国有二十多种藏物贮量居世界前列,而按人均量却列各国之后。众多人口的巨额消费,在劳动生产率低下的中国,导致积累的减少和生活水准的下降,自然也带来文化教育的困难。由于人口导致的人均资源少、积累小、文化程度低直接影响着中国科技事业的发展。

问题出现了,中国不得不采取各种控制人口的增长的措施。然而,在一时难以改变的巨量人口事实面前,只控制人口增长率实不过是一消极之举措。对于目前的中国来说,巨量人口即是前进中的沉重的包袱,又是在今日世界举足轻重的优势之所在。如何把巨量的人口化为积极的力量,应成为中国社会科学研究的重大课题。遗憾的是,在中国不仅领导层没有提出这样的任务,社会科学家们也没有表现出要从事这类研究的热情。事情既然已经发

① 费正清著(1958),孙瑞芹和陈泽宪译(1973),《美国与中国》,第303～304页,商务印书馆,北京,1973年。

生，完全不必惊惶失措。劳动者数量的增加，在适当的条件下，并不必然导致劳动生产率的降低。应当看到，不同质劳动的多样化为扩大分工创造着条件。新的分工作为新的生产要素，使提高劳动生产率成为可能。

社会科学与自然科学协调发展对于实现中国的四个现代化，具有特别重要的意义。许多科学问题需要自然科学和社会科学联手解决。两类科学家已经根据他们的科学需要在试探着行动，不仅在举行学术会议时互相吸收对方参加，而且由高层科学家出头，建立了促进自然科学与社会科学联盟委员会。但是在制度和组织管理方面的许多关卡极不利于两类科学家的合作。不仅自然科学与社会科学交叉的研究受不到鼓励，甚至在艰难之中获得的这类科学成果，两个领域的科学管理部门不予承认。且不说民国时期的中央研究院容自然科学与社会科学于一院，就是中国科学院社会科学也曾作为一个学部包含于其中。1970 年代社会科学从中国科学院分离出来成立独立的中国社会科学院，未必适当。当今又有人在呼吁两院合并。

历史与未来

对于中国的现代化举措及其前途有许多议论。对当代中国的研究至少已经形成五个学派。在中国有大陆和台湾两个学派，在国外有苏联、日本和欧美三个主要学派。这些研究的结论之间有相左之词也有共识之处。

对于中国的这种科技兴国之举，美国萨特米尔有如下评论：

> 在中国，科技政策已成为优先考虑的重大政策。科技政策变得如此之重要，无论从过去，还是从未来看，都既是迷人的，又是令人怀疑的。从未来看，科技政策的内容和这种政策

的实施将影响到2000年的中国社会，这既是现时中国领导人的观点，也是外国观察家的看法。

从历史上看，对科学技术承担义务也是迷人的。如果稍微冒点说过头话的危险，人们可以断言，自19世纪中叶以来，科学和技术一直是使中国维新人物感到棘手的问题。在共产党领导中国以前，关于科学技术的作用，是一个从没有予以充分解决的重要的文化和社会问题。在人民共和国里，尽管科学、技术和社会有了新的政策，科学和技术的地位仍然是值得怀疑的。造成这种状况的原因很多……。[1]

萨特米尔的评论着重于科学的地位，而另一位观察家的评论则着重于现代化的道路。罗兹曼说：

苏联和中国的领导人都以现代化作为发展目标，这是很清楚的。无论是毛泽东在世时还是现在，绝没有把经济发展及其他标志现代化形态的指标作为批判对象。两国的领导人都渴望加强军事力量，扩大重工业的生产，充实人民的社会福利，增加粮食生产，这都是现代化的环节，也都是中国及苏联的重要目标。但是，领导者常常注意权力的保持，于是就有优先程度的问题，社会主义国家对现代化的追求，当然因领导者不同，具体目标各异，但还没有降低这一目标的证据。[2]

看来他们对中国道路是抱有一定的怀疑的。中国自己确也有过摇摆和挫折。现在，过去那种优先发展重工业和国防工业的偏斜政策已经改变，采取了向经济偏斜的新政策。这种新的偏斜又会带来什么后果？科学技术与社会协调发展中的"优先"问题，还

---

① 理查得·P·萨特米尔著，刘戟锋等译(1989)，《科研与革命》，第196页，国防科技大学出版社，长沙，1989年。

② 永井道雄编，姜振寰和郑德刚译(1989)，《非西方社会的现代化》，第201～202页，哈尔滨工业大学出版社，哈尔滨，1989年。

有许多细致的问题需要研究、探索。也许还要经过若干次试错，但是寻找适合自己民族发展道路的决心不会动摇。

1982年，由联合国大学、国际大学和上智大学在东京召开的“关于非欧美世界的开发问题会议”，专门讨论第三世界的现代化道路问题。参加这次会议的学者几乎一致认为，尽管必须向发达的西方国家学习，现代化并不意味着西化。新德里大学教授拉吉尼·柯塔里认为：

> 民主主义的未来以及一般人类自由的未来，要在第三世界以及在某种程度上要在社会主义世界中去解决。……现在进展中的人类变革过程，涉及到第三世界的民众和国家体制两方面，发达国家并没有卷进来，而且这些发达国家已成为全球性军国主义及环境破坏的牺牲物。这些灾难比发展中国家更早地降临到发达国家头上。

开罗第三世界论坛主席伊斯迈尔·萨布里·阿布达拉认为：

> 就现代化本身说，难说现代化即西方化。我们都应当寻求特殊形式的现代化。真正选择产生新思想并使自己获得新生的文化是有生命力的文化。这正好与语言相似，无论多么好的诗一样的语言，如果已不被使用就是死掉的语言。不失掉本国文化传统并在新时代应用这一文化，是促成现代化的正确方向。

东京亚洲经济研究所调研员林武认为：

> 现代性一词是一个人性化的概念，任何文化都具有独立实现人性的形态。各民族文化的等价性恰恰在于这一点。可是，现代化并不能仅由现代性所达到。……这里出现了一个现代化承担者的问题。现代化会影响文化的同一性，伴随现代化所产

生的各种弊端，当然会引起来自现代化承担者的反现代化论。在发现自己文化个性的过程中，不能以现代欧洲文化作为绝对性的价值标准，而必须通过对与此类似的或对于相反的文化的研究中，以比较的方法为媒介，构筑一般性的理论。

普林斯顿大学历史系教授西利尔·普朗克说：

不仅欧美制度，就是非欧美制度也在不同程度上，需要向适应现代性要求方向变化。发展过程中的问题不是舍弃固有制度仅用欧美借用物的问题，而是需要对自身制度性的传统做出评价，并判定将之进行多大的改革才可以符合现代化的要求。……外来影响确实也是重要因素，但是与这些社会制度性传统的转换相比，只具有第二位意义。

在更理论性的哲学领域，1960 年代以来出现了一些反经典进化论的发展理论[①]。这些理论重新确定发展概念，重新考虑发达社会与发展中社会的关系，重新选择社会发展道路。这些理论主张，不发达社会已不可能重复发达社会走过的发展道路，多元化的发展模式和道路是可能的。

上述这些研究的结论不能认为已确定无疑。但是它为我们解脱中国困境提供了某些启发。按照这些理论去思考，我们可以从中国古代遗惠中找到创造的泉源。

早在 1944 年 2 月，李约瑟，他当时任中英科学合作馆主任，应邀在重庆中国农学会会议上作了题为“中国与西方的科学与农业”[②]的演讲。在这个演讲中他第一次明确地提出这样一个问题：

---

① 郦正(1991)，从经典进化观到自主发展理论，《哲学研究》，1991 年，第 10 期，第 20～26 页。

② Joseph Needham and Dorothy Needham(1948), Science and Agriculture in China, *Science Outpost*, London: The Pilot Press Ltd, 1948, pp. 252～258.

> 作为一个整体的现代科学没有发生在中国，它发生于西方——欧美，即欧洲文明的广大范围内。这有什么原因呢？我以为我们必须找出这个原因，因为如果我们不了解它，我们关于科学技术史的观点就要处于混乱之中。如果我们不了解过去，我们也就没有多少希望来掌握未来。

并且他认为，中国的许多技术发现不是现代科学，也不是理论科学，而是经验科学。它们与现代科学有很大的区别。他从地理、气候、社会和经济四个方面的条件考察中国与西方的不同，提出如下很具刺激性的假设：

> 如果中国有像西方那样的气候、地理以及社会、经济，而我们西方有像中国这样的相同条件，现代科学会在中国产生，而不是在西方。而西方人就不得不学习方块字，以便充分掌握现代科学遗产，就像现在中国科学家不得不学习西方语言那样。

在其后有关中国科学和文明的诸论著中，他力图研究、理解并回答这样两个最基本的问题：为什么现代科学革命出现在西欧而不是出现在中国？为什么在科学革命产生前的两千年间中国在科学技术方面领先于欧洲？李约瑟认为，传统的中国科学思想未能促成产生自欧洲并持续发展到今天的现代科学，但却有可能为未来的新科学开辟道路。

李约瑟把科学的发展区分为古代的、中古的和现代的三个阶段。现代科学是科学发展的现阶段，同古代科学和中古科学相比，它没有民族的印记，是普遍的世界科学。以这种科学为参照，李约瑟把中国科学传统描述为前科学的、原科学的或准科学的。当他把中国科学传统与相对论、量子力学相比较时，他发现中国古老的有机哲学好像是现代科学的一种先觉。在他看来，未来科学将会比以相对论和量子力学为基础的现代科学更全面地实现有机论思想，所以把中国科学传统与未来科学相比较具有非常重要的意义。

李约瑟一直坚持认为，不应把传统的中国科学视为现代科学的一个失败的原型。他在其《中国科学技术史》第5卷第2分册的序言中说，道家思想保存着“内在而未诞生的、最充分意义上的科学”，它的发展最终会导致现代科学。他认为现在的科学不是终极的而是暂时的，今天的科学绝不是未来的科学。在保持其普遍性和连续性的前提下，科学还要变革。在设想科学变革潜力时，李约瑟为中国科学在产生世界新科学的过程中安排了更崇高的地位：中国科学传统将为科学的未来发展开辟道路。李约瑟对中国科学传统充满激情并且很有信心：

> 直到17世纪中叶，中国和欧洲的科学理论大约处于同等水平。仅仅在那段时间之后，欧洲思想才开始迅速向前发展。但是，引导其前进的笛卡儿—牛顿机械论观点，不能持久地满足科学的需要。把物理学看作是对更小的有机体之研究和把生物学者看作对更大的有机体之研究的时代必将来到。那时，欧洲并且整个世界便能利用一种非常古老的、充满智慧并且丝毫没有欧洲特色的思想模式。

李约瑟对中国科学与社会所提出的问题及其解答，受到世界范围内的科学史学界和科学社会学界的普遍关注，被称为“李约瑟疑难”。许多科学史家和科学社会学家从比较科学史的角度对此进行了种种讨论。

我们必须指出，对中国科学和世界科学的关系以及未来的科学将是什么样的，学术界的看法并不一致。我们这里摘引两位美国学者的某些见识。雷斯蒂沃(Sal P. Restivo)曾经写过一篇评述

“李约瑟和中国与现代科学的比较社会学”[①]。其中他对李约瑟提出如下质疑：

存在一种自然科学吗？它是科学探索分阶段发展的结果吗？李约瑟一直对这两个问题持肯定态度，但却由于设想如果现代科学出现在中国，它应当与西方出现的现代科学不同，而不得不发生矛盾。他说他设想的中国现代科学应当是“有机的、非机械的”，这是否意味着这种科学无需经过牛顿阶段就可以达到爱因斯坦一普朗克阶段吗？或者是否意味着它可以发展出一种不同类型的有机的科学呢？如果后者成立的话，李约瑟所主张的“自然界是一个自然界，自然科学趋于一种统一的科学世界观”又怎么解释呢？

在雷斯蒂沃的这篇评论中，席文（N. Sivin）的看法也被介绍。对于在中国寻找新科学的起飞之翼，席文只是暗示要正视其可能性：

从当代危机的观点看，我们能够问的最有意义的问题之一，确切地说，是如何早一点儿使科学和文化的其他方面协调共存。……如果习惯、信念和知识有一种新的协调……它将来自一些我们远没进化发育出来的新的适应模式。

尽管意见分歧，雷斯蒂沃在其评论的结尾处还是写下了比李约瑟所说富有刺激性的话：

我们这些期待“新科学”的人，不能肯定这种新科学会出现，也不能肯定它在什么地方出现。但是，当我们为了子孙后代而审视现在时，我们不能忽视意欲综合利用其三法（洋法、

① Sal P. Restivo（1979），Joseph Needham and Comparative Sociology of Chinese and Modern Science，Reseach in *Sociology of Knowledge*，*Scienc and Art*，vol. 2，1979，p. 25.

土法和新法)的中国,有可能给未来的科学史家带来这样一个令人困惑的问题:从21世纪才开始认识的新科学何以出现在中国,而不是出现在美国或其他地方。

中国古有辉煌的科学业绩,历代以来积累了丰富的涉及科技史的典籍。这是古人留给后人的宝贵科学遗产。清中叶乾嘉学派的"朴学"成果中包含有对中国古代科学典籍的整理。为后来的中国古代科技史研究奠定了资料基础。进入1930年代又开始用现代科学的知识和方法整理中国科学遗产。天文学家高均等提出研究中国天文学史的四项原则和十七条大纲,中央国医馆以用科学方法整理中医学术及开展学术研究为己任,中国古代数学史的研究成绩卓著。中华人民共和国成立后,毛泽东向科学家们提出更高的要求,1956年8月24日,在同音乐工作者的谈话中他说:

> 学习外国的东西,是为了研究和发展中国的东西。就这一点来说,自然科学同社会科学是一样的。一切外国的好东西我们都要学,学好了就要在运用中加以发展。在自然科学方面,我们也要作独创性的努力,并且要用现代外国的科学知识和方法来整理中国的科学遗产,直到形成中国自己的学派。

"在自然科学方面,我们也要作独创性的努力"和"形成中国自己的学派"的号召是很鼓舞人的。许多科学家为之奋斗。以发掘历史遗产促进中国自己的学派形成的诸多努力中,席泽宗的古超新星研究和吴文俊的机械证明研究卓有成效。为形成中国自己的学派而整理中国科学遗产根本任务在于揭示中国传统文化中的现代科学价值。在讨论以罗札克(Theodore Roszak)为代表的"对抗文化"(Counter Culture)和"反科学论"问题时,他看到了中国文化的特殊价值并做出充分肯定的评价。1974年4月29日他在香港大学演讲“对于西方反科学的一个东方透视”[①]，1975 年 7 月在蒙特利尔加拿大亚洲研究协会上他演讲“历史与对人的估价”[②]时认为，现代自然科学的进步给人类带来的各种道德上的问题可从中国文化所包含的伟大的传统道德精神取得解答，中国人民中的特殊天才可以在这方面影响整个人类世界，中国人的冷静头脑可用于把西方世界从它陷入的机械唯物论和唯科学主义的深渊中挽救出来。

当代正兴起新启蒙运动。时代不同了，启蒙的内容也与 18 世纪不同。新启蒙哲学要求人与自然和谐的世界观和整体生成论的方法论。卡西勒（Ernst Cassire，1874～1945）在其《启蒙哲学》（1932）[③]指出，18 世纪的启蒙思想在方法论上有两大特征。一是分析重建法，二是经验的原则。分析重建法抛弃 17 世纪形而上学的演绎法，把认识对象分析还原为它的终极要素，然后在思想中把这些要素重建为一个整体。卡西勒认为这种分析重建法是启蒙哲学的最根本的方法论特征，是启蒙运动作为旗帜的“理性”的真正功能。的确，这两个特征支起的方法论框架极有力地推动了自然科学和社会科学的发展，铸成 19 世纪这个科学世纪。但是，现代科学的发展表明，这种分析重建的“构成论”方法不再完全适合于科学的继续发展，已趋向被“生成论”取代。经验的原则并没有遇到严重的困难，它仍可以同“生成论”相适应。新的启蒙运动的方法论特征是以生成论和经验原则支起的新的方法论构架，它要求从整体的动态认识部分的性质。像 18 世纪用分析重建法认识自然和社会类比，新启蒙运动以生成论和经验原则结合的方法论框架认识

① Joseph Needham（1974），An Eastern Perspective on Western Anti-Science，*Moulds of Understanding*，London：George Allen and Unwin Ltd. 1976，pp. 295～304.

② 李约瑟（1975），历史与对人的估价——中国人的世界科学技术观，《李约瑟文集》，第 309～354 页，潘吉星编，辽宁科学技术出版社，沈阳，1985 年。

③ 卡西勒著（1932），顾伟铭等译（1988），《启蒙哲学》，第 7 页，山东人民出版社，济南，1988 年。

自然和社会，处理种种问题。我们也可以给这种方法论一个名称标志它的特征，不妨叫它“整体生成法”。用这种方法看问题，人与自然应该是和谐的整体，科学文化和人文文化要平衡，东方文化和西方文化要融合，整个宇宙都要处在动态平衡的循环运动网络之中。

在从经济社会走向智力社会的转变中，作为智力代表的科学扮演着重要角色。科学在这一转变中的作用主要体现在它的文化功能，而不是像它在经济社会中那样以其生产力的功能起主要作用。这就要求科学必须人性化，而正是这一要求使得中国自然人文主义思想传统具有新的启发意义。当今人类社会需要在现代科学的背景下把这种原始的科学人文主义升华到高级的科学人文主义。

中国古代伟大的思想家朱熹(1130～1200)把人性分为“义理之性”和“气质之性”，认为“义理之性”是善的，“气质之性”是可恶的。这就是说，他认为“善”和“理性”是相关联的，也就是说善的行为是理性行为。在这个意义上说，善就是理性，而且是最高的理性。逻辑理性、数学理性和实验理性都不能至善。科学理性只承认这三种理性形式，就不能至善。科学必须接受善这一理性的最高层成分。

附录1

21世纪的科学与中国①

[提要]

人们总是在世纪之交回顾过去和展望未来，尽管几乎谁都知道纪年的周期并无科学意义。我们所身处的这个世纪之交，20世纪和21世纪之交，恰遇两个千年之际，更加激发人类对于自己未来的憧憬。世界将如何变化？中国应如何应对？不同研究领域的学者们在谈论，世界正处在从现代到后现代转换的历史时期，中国正处在民族复兴的历史关头。市场、民主和科学将仍然是世界的主要问题，而科学肯定是这些问题的核心。中国第三步战略目标的限期，21世纪前五十年，巧遇一个千载难逢的历史机遇，即经济长波、世界霸权和科学中心转移三大周期的会合期。

① 本文为在北京走读大学（现称北京城市学院）的讲演稿，最初发表在2001年第5期的《中国社会科学院研究生院学报》上，后为《科普研究》（2001年第6期）、《学会》（2002年第3期）和《2002年科学发展报告》等转载。

一千年前，基督教世界曾一度沉陷在无限的惶恐之中，人们普遍迷信“公元1000年是世界末日”，事实上那令人惶惶不可终日的世界末日并没有降临。一百年前，法国教育部长和外交部长马尔塞林·柏特罗（1827～1907），作为法兰西科学院终身秘书和化学家曾预言，在20世纪人类将能人工合成粮食，但迄今粮食的化学合成仍然是可望而不可及。尽管社会预测如此不可靠，为了掌握自己的命运，在新旧世纪之交也是千年之交，人们还是禁不住要作这种或那种展望。

预测有四种基本方法：一是基于对象的规律，二是基于对象的相关现象，三是基于对象的抽样频率，四是基于对象的历史外推。虽然迄今人们还没有掌握有关社会发展的精确规律，但也并非完全没有任何科学规律可循。已经发现的经济增长、科技发展和世界政治霸权的某种周期性，慢变化影响和制约快变化的控制论科学原理，以及经济增长与技术创新的相关性，还是允许我们通过历史的外推而对未来做出某种展望，特别是对于我国第三步战略目标大限内的五十年有所预测或展望。

一、世界将如何变化？

马克思（K. Marx，1818～1883）曾经说过，科学技术是最伟大的革命力量[①]。科学的革命性就在于它的开化性、解放性和趋同性，当今世界正在科学和技术的推动下走向经济全球化的进程中。这种经济全球化的趋势，不仅是现代化的全球延续，同时也是现代化的新阶段或者说向后现代化的过渡。虽然现代化的进程肇始于五百年前的欧洲，但其渊源则可追溯到一千年前亚欧大陆两端所发生的变化。那时这大陆东端的中国文明达到其顶峰而开始日趋衰落，而其西端的欧洲则从分裂和混乱中觉醒而终于率先进入现代社会。五百年来世界变化本质上是产生自欧洲的现代化在全球的推进。

---

① 恩格斯（1883），在马克思墓前的讲话，《马克思恩格斯全集》，第19卷，第373页。

· 从现代到后现代的转变

无疑当代世界正处在一个历史性的转折时期，有些学者们喜欢称之为从“现代”到“后现代”的转变。在我看来，后现代不会是后现代主义的世界，因为它在反对科学霸权的同时走向了一种虚无主义，尽管后现代主义者们并非反现代化而是主张超越现代性。依据“社会中轴转换原理”[①]分析，从现代向后现代转变的本质在于，从以财富为主导的“经济社会”向以科学为主导的“智力社会”的转变，所谓“后现代社会”亦即智力社会。

社会中轴转换原理的中心思想是，社会形态取决于社会的中轴结构，而社会中轴的转换使社会从一种形态变为另一种形态，呈现社会的阶段性发展。道德、权势、经济、智力和情感作为维系人类社会的五种抽象的基本力，它们之间相互作用的结果使其中的某一要素成为社会结构的中轴，并且这种相互作用也是社会中轴转换的根源。按中轴转换原理考察社会的发展史我们发现，人类已经经历了以道德为中轴的道德社会、以权势为中轴的权势社会和以经济为中轴的经济社会，现在经济发达国家已经开始从经济社会向智力社会转移，而大多数发展中国家则处在从权势社会向经济社会的过渡之中。

· 人类社会进入信息时代

人类是通过用火和发明人工取火而进入其文明时代的，在四五千年前发明了轮子，在二百多年前发明了用火推动轮子的动力机，在五十多年前发明了可以控制一切机器自动运转的电脑。轮子、动力机和电脑标志着人类文明进步的三大阶段，即以质料为时代特征的农业文明、以能量为时代特征的工业文明和以信息为时代特征的科业文明。科学技术创造了人类文明史上最为巨大的物质财富和精神进步，以电脑为代表的信息技术正主导着席卷全球的新技术革命浪

① 董光璧(1989)，社会中轴转换原理，《光明日报》，1989年5月26日。

潮并推动着人类社会走向了信息时代。

历史上的信息技术革命已经发生过三次，第一次革命是作为信息载体的语言和文字之发明，第二次革命是作为媒体制作技术之纸张和印刷术的发明，第三次革命是信息传送和媒体制作技术的电子化。现在的以电脑为代表的电子化信息技术正在通过电子电路集成化、信息处理数字化和信息传输网络化形成新的主导技术群，并且这次技术革命也在促成一次新的产业革命，也就是说科业文明的信息时代必将到来。

·科学是世纪的核心问题

经过近百年的实践比较和学术争论，市场经济作为商品经济最有效的经营方式的地位已经确立。绝大多数政治家也终于体验到市场经济要求一个民主的政府，即一个在权力、职能、规模诸方面严格受社会和法律制约的有限政府。经济增长依赖于技术进步的发现，导致社会对作为技术之源的科学的普遍重视。在21世纪，市场、民主和科学将仍然是世界的主要问题，但科学肯定是这些问题的核心。

二次世界大战以来，科学已经成为国家的主要威慑力量，并且在为人类行为合规律性的意义上，它已开始规范经济、规范权力、规范道德行为，甚至规范一切文化。马克思早在19世纪就已预见了的科学之“革命力量”，越来越显示出它的解放力、开化力和趋同力。当科学取代经济成为社会的支配力量之时，完成从经济社会向智力社会的过渡，亦即从资本主义社会过渡到共产主义社会。在这一过渡中科学是第一推动力，知识成为资本的最强大的异己力量，知识分子成为资产阶级的真正掘墓人。

·世界经济进入第五长波

经济学发现了三种经济波动现象，即三年左右的基钦短周期、十年左右的尤格拉中周期和五十年左右的康德拉季耶夫长周期。一个长周期包括六个中周期和十八个短周期，作为背景，长周期制约中周期，中周期制约短周期，并且这三种周期还分别与技术创新相关。经济长波理论研究表明，1760 年代工业革命以来的世界经济经历了四个长波周期，1770～1830 年代的第一经济长波期主要对应于机械化的创新活动，1830～1880 年代的第二经济长波主要对应于运输铁路化的技术创新活动，1880～1930 年代的第三经济长波主要对应动力电气化的技术创新活动，1930～1990 年代的第四经济长波主要对应于电子化的技术创新活动，历史地外推第五经济长波出现在 1990～2040 年代，从现在的技术发展形势看它主要对应于信息数字化的创新活动。前三个经济长波所分别对应的机械化、铁路化和电力化可以概括为能量转换技术的创新，而第四波的电子化和第五波的数字化是信息控制技术的创新并且这种趋势可能延至第六波。

· 国际政治进入第六周期

不仅世界经济有其波动周期，政治学家还发现了百年左右的政治霸权周期，即所谓莫德尔斯基(George Modelski)的政治中心转移律①。莫德尔斯基认为每次全球战争都成为一个大国兴衰周期的开端，经过战争某一国家取得霸权并利用战后的和平协议使其获得的优势合法化。以拥有维持全球秩序所需资源之一半的国家为“霸权优势”计，16 世纪以来发生了从葡萄牙到荷兰再到英国而最后到美国的政治中心转移情况：1495～1580 年是葡萄牙中心期，其中 1495～1516 年为全球战争期，1516～1540 年为其霸权优势期，1540～1580 年为其衰落期；1580～1688 年是荷兰中心期，其中 1580～1609 年为全球战争期，1609～1640 年为其霸权优势期，1640～1688 为其衰落期；1688～1792 年是英国中心期，其中 1688～1713 年为全球战争期，1714～1740 为其霸权优势期，1740～1792 年为其衰落期；1792～1914 是又一个英国中心期，其中 1792

① 乔治·莫德尔斯基，在 1978 年发表论文《全球政治德长周期与民族国家》，1987 年出版专著《世界政治中的长循环》(Long Cycles in World Politics，西雅图，1987)

～1815 年为全球战争期，1815～1850 年为其霸权优势期，1850～1914 年为其衰落期；1914 以来是美国中心期，其中 1914～1945 年为全球战争期，1945～1973 年为其霸权优势期，1973 年以来为其衰落期。葡萄牙占据澳门，荷兰占据台湾，英国占据香港，美国阻挠台湾与大陆的统一，这些使我们中国人对世界霸权有了直接的感受。

·科学进入第七转移周期

不仅经济和政治有周期性，科学发展也有其周期性，而且有十年、八十年和六百年甚至五千年等不同的周期[①]。自 16 世纪以来世界科学已经历了六个八十年的周期，各周期相应的高峰分别为 1580 年代、1660 年代，1740 年代、1820 代年、1890 年代和 1970 年代。以占世界科学成果的 25％为世界科学中心计，它们大体分别对应于意大利、英国（连续两次）、法国、德国和美国的世界科学中心地位。六百年周期作为背景影响和制约八十年的诸周期，而五千年周期又作为背景影响和制约六百年周期。我们所处的六百年周期的高峰在 1930 年代，所以我们当前正处在下坡期，在下降过程中还会出现越来越低的几个高峰，最近的下一个高峰在 2050 年，未来五十年大体为第七个八十年的科学周期。六百年周期的下坡形势意味着，近期内科学的深层基础不会发生变化，已有科学原理的技术运用，特别是寻求新的信息技术原理，可能成为科学活动的主流方向。而我们所处的五千年周期的高峰在 2250 年代，所以当前世界正处在上升期，这五千年周期的上坡形势又意味着未来五百年是科学大发现的时期。我们中国几百年来一直处于世界科学的边缘地带，来自世界的科学使者和出国留学的主流动向，无一不与科学地理中心的转移相关。

---

① 蒋志（1994），科学发现过程的统计理论，自然辩证法研究，第 10 卷（1994），第 12 期，第 30～37 页。

· 美国仍然可能主宰世界

对下个世纪的世界政治格局有两种流行的看法，一是依据北美、欧盟和东亚三足鼎立的世界经济格局认为世界将走向区域化或多极化，二是从1970年代以来欧、美经济衰退和东亚经济奇迹而认为世界中心将从美国转移到亚洲。

诚然自1970年代以来的美国，作为第四经济长波的主要受益国出现过经济萧条，作为第五政治周期的世界霸主地位在日益衰落，作为第六科学周期的世界科学中心也进入了发现的递减期，但这都是世界经济、政治霸权和科学技术周期波动的正常行为，并不能由此而断言在新的周期中它注定不能重新占据优势地位。

如果我们的注意到英国曾连续两次占据世界科学中心(1664年和1746年两个科学兴隆高峰期)和连续两次占据世界政治中心(1714～1740年和1815～1850年两个霸权期)，尽管在科学和政治两个领域的这种二连冠是独一无二的，英国的先例和美国的现状也使我们有理由推测，在未来的美国极有可能再次主宰世界，成为世界的经济中心、政治中心和科学中心。

二、中国应如何应对?

现代化本质上是一个世界化的过程，一方面中国的四大发明和人文精神对欧洲的现代化进程分别起了引发和助推的作用，另一方面欧洲现代化为其他地区的现代化提供了一种可供效法的模式。尽管殖民主义的贸易和征战客观上推进了现代化的世界化，但这一残酷的进程不仅造成了世界的南穷北富并威胁着世界文化的多样性，而且随着现代化进入以科学技术为基础的经济全球化的到来，文化的融合与冲突日益强化。

· 中国面临的挑战和机遇

如果把我们国家的战略目标同世界经济长波和世界霸权周期以及世界科学周期联系起来看，我们会发现我们的第三步战略目标的50年限期，大体对应着第五个经济长波、第六个政治霸权周期的全球战争期和第七个科学转移周期的上升期。这种对应本身就暗示了当代中国所面临的挑战和机遇。

已经启动的经济全球化是由跨国和国际金融机构推动和操纵的,在商业竞争的驱动下发展对全球范围内的各种资源的利用和整合能力。像所有发展中国家一样,面对经济全球化的中国有三种可能的前途:一是顺从发达国家的不平等安排,在国际分工中充当附庸的角色;二是被排除在世界经济发展主流之外,在孤立的环境中继续边缘化;三是寻求跨越发展的机遇,在平等互惠的国际合作中谋求发展。

人类之旅的前锋已经开始从经济中轴向智力中轴过渡,而我们中国作为人类之旅的后队还处在从权势中轴向经济中轴转换的途中。基于中国落后一个位相这一现实,我们若想与世界同步进入智力社会,或者说进入知识经济时代,必须两步并作一步走。我们的任务是双重的,即在社会中轴从权势向经济转变的同时,完成从经济中轴到智力中轴的转换。因此,我们必须对中国的这种"后发劣势"和"后发优势"进行全面的研究。

· 中国科学进入创新时期

中国在秦汉时期就建立了数学、天学、地学、农学和医学五大学科,形成以生成论自然观为基础的和以模型化为特征的科学传统。中国传统科学的发展表现为三次高峰期,以魏晋玄学为特征的新道家思想解放运动催生了南北朝时期的第一科学高峰,以理学为旗帜的新儒学的理性精神把科学推向了最高峰,以功利思想为主导的实学思潮导致了晚明时期中国传统科学最后一道光彩。中国传统科学也曾经有过自身现代化的三次倾向:第一次伴随宋代的"文艺复兴"而发生,主要表现为科学知识的理性化,由于"靖康之变"而中断;第二次伴随中国经济史家们所称的明中叶的"资本主义萌芽"而发生,主要表现为科学技术的社会化,由于"甲申鼎革"而夭折;第三次伴随乾嘉时期的考据学而发生,主要表现为在西学的影响下的天文学和数学的复兴，由于“虎门销烟”而转向。

中国传统科学自身现代化泯灭之后，以引进西学的方式走向了现代化。这种现代化的过程，以 1928 年中央研究院建立和 1956 年十二年科学发展规划的制定为标志点划分为三个时期，但主要是 20 世纪的百年中进行的。中国科学技术现代化的事业已经走过了它的奠基时期和开拓时期，在 21 世纪应进入一个新的时期——创新时期[①]。20 世纪的前五十年，中国完成了现代科学事业的奠基，由于留学国外的学子归国，数理化天地生等基础学科建立起来，特别是 1930 年代成为奠基者们常常回顾的黄金年代。20 世纪的后五十年，由于国家的科学规划和建设计划的推进，在帝国主义封锁和苏联反目以及自然灾害和思想伤害等极端困难的情况下，基本上建立起现代工业技术体系，特别是 1960 年代成为开拓者们常常回顾的英雄年代。21 世纪的中国科学技术事业进入创新时期，中国科技事业面临三项艰巨的任务，即建设科学技术创新的国家体制、提高国家的科技自生能力和探索适合国情的现代化道路。

·关注科学革命的新特征

如果以科学和社会相互作用的视角来考察科学所引发的社会变革，我们可以看到科学已经历了两次革命并正在经历着第三次革命。第一次科学革命发生在 16－17 世纪，其主要特征是科学同宗教神学的分离，它同文艺复兴和宗教改革一起促成现代社会的出现。第二次科学革命发生在 19 世纪中叶，其主要特征是科学同直接生产劳动的分离，科学因而进入社会生产力并开始制度化和社会化。第三次科学革命发生在 20 世纪下半叶，其主要特征是科学技术开始成为一种产业，并因而作为一种与直接经济活动分离的力量，以其为人类行为的合规律性提供基础的方式，开始规范经济、权力、道德，乃至一切文化。

① 董光璧(2000)，开创中国科学事业的创新时代，《科技日报》，2000 年 5 月 26 日，第 3 版。

五百年来的社会发展史已经表明，科学不仅是先进生产力的不竭泉源，同时也是促进思想解放的强大精神力量。世界各国的工业化和现代化进程几乎都是以科学文化为启蒙和先导的，它所体现的理性和批判精神，一直是推动这一进程中价值观念和行为规范变革的基本因素。在当今的现代社会生活中，科学技术已经成为先进生产力和先进文化的基础，不仅是综合国力和国际竞争力的主要因素，而且科技文化的普泛性使之成为沟通全世界不同民族文化的“共同语言”。

· 确立文化价值选择观念

人类自诞生之日起就生存在自然和文化的夹缝中，而文明进展的动力就根源于文化与自然的相互作用。按照美国人类文化学家怀特(L. A. White，1900～1975)的意见，相对于自然而言的广义文化可区分为技术、制度和观念三个子系统，并且它们之间还存在着复杂的相互作用[①]。现代技术就其本性而言是敌视历史传统和文化多样性的，因为技术所诉诸的生物学特征是适合于全人类的，诸如历史和文化遗产、社会和政治结构、意识形态和文化背景等对之是无能为力的。由于人类不能弃绝技术和技术发展的不可逆转性，我们不得不在现代技术与传统价值的张力中进行文化选择。

科学自身的逻辑发展与社会需求发展的交汇处往往是新科学的生长点，科学为求得其生存条件不得不以适应社会的主流价值观为代价，而任何社会要想发挥科学的社会功能也不得不修改某些规范，以提供科学发展所必需的社会条件。当代世界正处在从经济社会向智力社会转变的历史时期，当代科学正在从现代科学走向后现代科学，当代文化也正在转向以科学为基础的科学文化。在新旧文化转接的历史性转折的关头，任何文化传统都面临能不

① 怀特著(1949)，曹锦清等译(1988)，文化科学——人和文明的研究，浙江人民出版社，杭州，1988 年；原文 *Science of Culture—A Study on Man and Civilization*，1949。

能被科学论证的考验。

· 发展新的科学技术模式

今日之科学已从所谓的"小科学"发展为"大科学"了，学院(自由)模式、政府(命令)模式和企业(市场)模式共存，科学活动不单是少数科学精英自由研究，而是日益成为国家甚至国际间合作的大事业了。科学技术作为国家和全人类的事业影响着社会生活的方方面面，人们从各个角度出发都想对科学加以控制。对于科学的支助的判别标准除科学价值外还包括技术价值和社会价值，科学的社会效果甚至连同它的生命力都取决于科学对其资源的利用程度、科学的目标和准则与社会需要结合的程度、科学面对社会需求的自我调节和应变的能力。面对环境恶化和人类的生存危机、科学预测和技术评估的困难以及科学和人文两种文化发展的不平衡的挑战，科学正在通过其新的活动方式实现"总体范式"的转换，一种新科学类型的诸特征正在滋长。

关于理论研究的目的和方法，这科学的新类型有全新的标准。第一，传统理解的科学主张只揭示能由任何科学探索者重复的知识，而这科学的新类型把不可再现的行为视为科学探索的重要对象。第二，传统理解的科学把科学的社会运用问题视为科学之外的社会问题，而这科学的新类型则把它包括在科学探索的过程之中。第三，传统理解的科学忽视或把价值因素看得十分平淡，而这科学的新类型则把价值看作逻辑理性、数学理性和实验理性以外又增加了价值理性。第四，传统理解的科学知识系统不关涉系统自身，而科学的新类型的知识系统则关系到系统本身的知识。这种科学新类型将逐渐发展成21世纪科学的主流特征，如果我们把它视作科学最基本的形式，那么，传统理解的科学则应认为是受严格限制的、科学新类型的极限形式。

· 寻找新科学诞生的种子

毛泽东(1893～1976)关于创造中国学派的号召应该提到日程

了,早在1956年他就提出“在自然科学方面,我们也要作独创的努力,并且要用现代外国的科学知识和方法整理中国的科学遗产,直到形成中国自己的学派”。当代科学所面临的三大挑战,人类生存环境的恶化、高技术评估的困难和科学与人文发展的不平衡,将在很大程度上影响科学未来发展的方向及其特征。价值理性正在成为科学行为规范的重要组成部分,科学的总体范式业已在转变之中,一种与传统理解的科学不完全相同的新的科学类型正在形成。这种种迹象昭示了科学可能不再完全沿着17世纪确定下来的路线前进,将从其以科学与人文相分离为特征的现代性转向其以科学与人文相结合为特征的后现代性。在这种形势下一些学者注意到中国传统文化价值的后现代性,这可能意味着中国传统文化中的某些思维方式和价值取向会重新获得其生命力。当今世界正处于原子时代向比特时代转变的关头,如果说原子时代的源头是古希腊的原子论,那么比特时代的先驱是中国的《易经》。如何在中国传统文化中寻找新文化的种子,向世界提供我们文明中的最佳遗惠,以在现代科学技术文明的基础上发展新的科学知识系统和新的人文价值体系,当是中华民族复兴的一项伟大的历史使命。

· 为世界科学的发展作贡献

当代中国人的历史使命与过去的一百五十年和未来的一百五十年密切相关。过去的1840年代至1940年代的一百年,中国人民通过浴血奋战争得了世界政治五强之一的地位,其标志是1945年抗战胜利后中国成为联合国五常任理事国之一。1950年代至2050年代的一百年则是中国人民争得世界经济强国地位的艰苦奋斗时期,它包括已经成为过去的五十年和作为第三步战略目标限期的未来五十年。中国对世界科学的贡献率现在还只是万分之几,再经过从2050年开始的一百年不懈努力,中国有可能成为世界科学强国之一。

既受时代制约又超越时代限制的科学,最终将使整个人类社会转向智力中轴。在未来的社会发展中科学将作为“社会中轴”起决定性的作用，科学推动观念文化的作用将远远超过其推动技术文化或生产力的作用。作为文化的科学不仅在塑造人类的思维方式和完善人类的理性方面继续发挥其作用，而且还将通过为人类行为的合规律性提供基础而规范人类的一切行为，消除在文化危机面前的不安。

科学对人类的影响有两个方面，一方面通过自然规律的运用来改善人类的处境，另一方面通过对心灵的作用克服人在自然面前的不安。科学有真理和实践两个方面，在真理方面它是开放地发展着的而不是不变的教条，在实践方面它则是一把既可造福也可生祸的“双刃剑”。1999年在布达佩斯举行的世界科学会议，以“21世纪的科学：新的承诺”为题，通过了联合国教科文组织秘书处和国际科技理事会的宣言——《科学和科学知识应用宣言》，向全人类做出庄严承诺，科学要对人类的未来负责，要对世界的和平与发展作贡献，要服务于社会。

附录 2

以千年看百年

——中国和西方的科学与社会①

[提要]

为真正理解科学的意义及其未来前途，必须了解科学与社会的相互关系。虽然这种认识早已成为业内学者甚至社会的一种共识，但有关科学与社会的研究迄今还没有一个明确的分析框架。本文尝试着提出一个基于文化进化观的分析框架，并在一千年来中国和西方的科学与社会的讨论基础上评论了20世纪的中国状况。所得出的主要结论是：没有现代民主制度就不可能有科学的繁荣，没有现代市场制度就不可能有技术的进步，不能在科学和技术领域做出应有的贡献就难以立足世界民族之林。

① 本文为提供给《中国近现代科学技术回顾与展望国际学术研讨会》的论文，会议由中国工程院、中国科学院和中国科学技术协会联合主持，2002年4月11日至13日在北京国宏宾馆举行。本文最初发表在2002年第11期的《科学新闻》(6月10日出版)上，后来又有第15卷第8期《自然辩证法研究》(2002)和第16卷第4期的《Bulletin of the Chinese Academy of Science》(2002)转载，并收入宋健主编的《中国科学技术回顾与展望》(2003)。

严格意义上的科学形成于17世纪的欧洲,并且在近百余年来迅速成长为世界文明的基础。但直到科学的迅速发展期中国才真正开始接受产生自欧洲的科学,并且迄今对于世界科学发展的贡献率仍然是微乎其微。如何理解中华文明在科学上的失败?如何改变当今中国科学事业的落后状态?这无疑需要通过科学与社会的相互作用去探求,但有关的分析往往多关注“因果性”而忽略“目的性”和“偶然性”。实际上,作为文化进化的人类历史其进程总是三者协调作用的结果。面对当今经济全球化趋势,检讨百余年来的中国科学事业,至少要回溯到千年以前世界形势的变化。那时欧亚大陆两端的文明发生了趋势相反的变化,西端的欧洲在基督教的旗帜下从分裂和混乱中觉醒而日益强盛,而东端的中国则从其发展的顶峰跌落下来而日趋衰败。欧洲国家体系通过大学革命、科学革命、工业革命和信息革命等一系列的变革,创造并发展了现代民主制度和现代市场制度,从而攫取了世界文明的中心地位。中国虽然先后在北宋、明中和晚清有过三次现代化的尝试,但分别由于“靖康之变”、“甲申鼎革”和“虎门销烟”而中断,创造的泯灭导致沦为世界文明的边缘地位。

科学与社会的一个思考框架

按照生物进化论推衍的观点,人类是地球上生物进化的一个偶然的结果,而作为自然进化产物的人类却又创造了灿烂的文化。这里的“文化”不是社会学意义上的文化概念,而是人类学意义上的广义文化概念,它包括人类的一切活动及其物质的和精神的创造成果。人类学意义上的“文化”是相对“自然”而言的,自然是人类的生存条件,文化是人类的生存方式,人类是连接自然和文化的唯一中间环节。任何人群总是要在人与自然和人与文化这两种基本关系中生存,不利的自然环境和文化环境有时会构成对人类生存的“挑战”,因而不得不发挥其潜在的创造力而做出“应战”。英国历史学家汤恩比

(A. J. Toynbee，1889～1975)在其十二卷本《历史研究》[①](1934～1961)中提出的“挑战和应战”推动文化进化的观点，是本文主题讨论的重要论据之一。

人类是经过几百万年从猿到人的生物进化而开始进入其文化进化阶段的，并且其生物进化率似乎是恒定的，而其文化进化率则几乎是按指数规律增长的。人类学把文化进化区分为三个时代，即蒙昧时代、野蛮时代和文明时代。在几十万年来的文化进化中，绝大部分时间处于蒙昧时代，野蛮时代不过约为几万年而已，而文明时代只是最近的几千年。这几千年的人类文明历史，绝大部分时间为农业文明，工业文明只是最近的几百年，而以研发为主导的科业文明的兴起发生在最近几十年。人类的生物进化已退居次要地位，文化进化占据了绝对的主导地位。人类基因组的信息量约为几十亿比特，人脑的信息量约为千万亿比特，而作为大脑集合的人类社会所创造的文化信息量每年竟多达百亿亿比特，与文化进化相比人的生物进化已是微不足道。

按照人类学家怀特(L. A. White，1900～1975)在其《文化科学——人和文明的研究》[②](1949)中所进行的研究，文明时代的文化可以看作是由技术、制度和观念三个子系统组成的一个文化系统。如果我们进一步对其三个子系统进行划分，就可以作为我们的主题讨论的另一重要论据。技术作为可操作的知识可以区分为三大类，即以自然物操作为对象的自然技术、以人的行为操作为对象的社会技术和以概念操作为对象的思维技术。制度作为人群的组织形式可区分为三大类，即以信仰为结合纽带的宗教制度、以权力为结合纽带的政治制度和以财产为结合纽带的经济制度。观念

---

① 汤因比著(1934～1961)，历史研究(12卷)，上海人民出版社，上海，1959～1964年；原文本 *A Study of History*，1934～1961.

② 怀特著(1949)，曹锦清等译(1988)，文化科学——人和文明的研究，浙江人民出版社，杭州，1988年；原文 *Science of Culture—A Study on Man and Civilization*，1949。

也可区分为三大类，即信仰观念、理性观念和价值观念。如果我们不认为文化系统中的三个子系统有进化链上的因果关系，那么它们之间的关系应当是互为环境，而自然界是整个文化系统的环境。按照进化论的观点，这文化系统的进化就根源系统自身的变异和环境的选择。文化系统的进化的历史表明，它经历了技术主导的农业文明和制度主导的工业文明两个阶段，并且正在走向观念主导的科业文明。

如何从这样的文化系统结构导出科学与社会的思考框架，关键在于科学的文化定位问题。对于科学可以分为外延不同的三个层次理解，首先是纯粹的自然科学概念，其次是包括自然科学、社会科学和思维科学的广义科学概念，再就是包括科学、技术和工程在内的大科学概念。无论是纯粹的自然科学还是广义的科学都定位在观念文化系统内，并且属于观念文化子系统中的理性类，信仰观念和价值观念是科学理性的直接文化环境，技术和制度两个子系统则是其间接的文化环境。大科学则定位在观念和技术两个子系统内，制度唯一地作为其文化环境。因此，我们有关科学与社会的讨论，对于纯粹科学来说其与信仰和价值的关系是首要的，而对于大科学来说其与制度的关系则是首位的。

游牧与农耕两种文化的冲突

文化进化的总趋势是游牧阶段先于定居阶段，但由于自然环境的差异这种进化在地域上是不平衡的。在广大的江河流域，由于得天独厚的沃土和风调雨顺的气候，人们易于扎根在那里从事农耕。而在森林、草地和沙漠地区，不仅土壤贫瘠而且极易受季节变化的影响，由于难以定居人们过着牧畜和狩猎混合的生活。所以在文化进化的过程中也出现了定居和游牧的分叉的现象，在跟随食物缓慢游动的诸多漂泊群体中，有的群体有幸遇到沃土而定居下来，而有的群体则因没有这种机遇更明显地游牧化了。英国历史学家韦耳斯(H. G. Wels, 1866～1946)在其《世界史纲》(1920)[①]中所提出的两类共同体的概念,为我们的主题讨论提供了一个可以扩展的研究纲领。

游牧和定居两种人群的结群方式是不同的,定居的民族多倾向于结成“服从的共同体”,而游牧的民族则多倾向于结成“意愿的共同体”。所谓服从的共同体指定居区的人们屈从于天子或神授之王,国王具有非选举的神圣性及其天生的世袭统治权。而所谓意愿的共同体指游牧区的人们自由选择首领,首领是被人们追随而不是强迫人们服从的主人。由于安定的农耕生活所养成的习惯,定居的民族多身体柔弱而好和平。由于不稳定的而且不安全的游牧生活的锻炼,游牧的民族多身体强悍而好战。定居民族的顺从天性易于形成规模巨大的服从共同体并能持久地维持它,而游牧民族的倔强天性不仅难以形成巨大的意愿共同体,即便勉强形成也难以长期维持。

定居的民族视游牧的民族为野蛮人,而游牧的民族视定居的民族为懦夫。当游牧的群体遇到生存危机时,他们往往以侵犯定居民族的方式来解决,于是就发生游牧民族与农业文明的冲突。沿着各种发展着的文明边缘,以好战的游牧部落和山居部落为一方,以好和平的城镇和乡村居民为一方,彼此之间经常发生争吵甚至袭击。一个在军事和政治上软弱的文明,被那些掠夺成性的游牧民族看作是一份长期有效的请贴。由于游牧民族作为征服者往往把他们的意识形态和生活方式强加给被征服的定居民族,这不仅中断了原地的文化而且把当时最先进的冶金技术用于铸剑而引向毁灭文化的无尽战争,并且随着战争掠夺的加剧而导致奴隶制社会出现。

在游牧民族和定居民族的反复斗争中,往往是那些征服了定

---

① 韦耳斯著(1920),吴文藻等译(1982),《世界史纲》,人民出版社,北京,1982年;原文本 *The Outline of History—A Plain History of Life and Mankind*,1920。

居民族的游牧民族同化于农业文明之中,因而富有冒险精神的游牧民族几乎总是为服从共同体提供新的统治者。虽然文明一直是沿着服从的共同体方向发展的,游牧的自由精神还是被部分地保留下来。它们潜藏在后代的血液中,特别是在君主和贵族的血液里,表现为扩张疆域和统一天下的那种强烈欲望。屈从与自由两种传统的斗争被一代又一代地传下来,历史上昙花一现的希腊共和国和罗马共和国以及后来诸多专制与共和之间的左右摇摆表明,从服从的共同体转向意愿的共同体是人类潜藏着的天性。

游牧民族和定居民族之间的这种冲突,贯穿整个农业文明史的始终并且是一种普遍的现象。世界各地的许多主要古代文明中心,几乎都是在这种征服、同化和再征服、再同化的延续中形成的。在亚欧大陆上,由于有喜马拉雅山脉和塔克拉玛干大沙漠这种天然的屏障,这种野蛮与文明的冲突和融合基本上是在其两侧分别进行的。在亚欧大陆的东西两端,虽然自两千多年前以来就陆续地出现一些和平的贸易往来以及规模较小的冲突,但大规模的武装冲突则主要发生在最近的一千年里。而且正是在东方和西方的大规模冲突中所导致的文化融合,促成了人类走向现代社会。

千余年来的中国与欧洲

大约一千年前后的几百年间是人类历史的一个重要转折时期,在那个时候发生了亚欧大陆东西两端文明有重要历史意义的交汇。一千年来,亚欧大陆的两端似乎发生了方向相反的变化。西端的欧洲在基督教的旗帜下从分裂和混乱中觉醒而日益强盛,而东端的中国则从其发展的顶峰跌落下来而日趋衰败。欧洲国家体系通过大学革命、科学革命、工业革命和信息革命等一系列的变革,形成了新的工业文明并从而成为世界文明的新生长点和地理中心。中国虽然先后在北宋、明中和晚清有过三次现代化的尝试,但分别由于“靖康之变”、“甲申鼎革”和“虎门销烟”而受挫,并最终沦为世界文明的边缘地位。[①]

这种情况的发生与中国和西欧之间的文化传统差异密切相关。虽然两者在文化的基本结构方面并无原则性的差别，但文化要素的结合方式却有明显的不同。在技术系统方面，在中国是自然技术与社会技术的关系比较受重视，而在西方则是自然技术与思维技术的关系比较受重视。在制度系统方面，在中国是政治与经济的关系比较受重视，而在西方则是政治与宗教的关系比较受重视。在观念系统方面，在中国是理性与价值的关系比较受重视，而在西方则是理性与信仰的关系比较受重视。在所有这些差别中宗教的文化地位的差别最突出，在西方宗教足以同政治抗衡，而在中国宗教不过是政治的附庸；而且西方的宗教以入世为特征，而中国的宗教则是以出世为其特征。因此，在西方由于教权与王权的争斗民主和自由得以获得其必要的生存空间，而在中国则由于王权独行而限制了潜在的民族创造能力的发挥。

在中国由于赵宋王朝(960～1279)的建立结束了五代十国(907～979)短暂的封建割据，在面对来自北方的辽(916～1125)、西夏(1032～1227)和金(1115～1234)等游牧政权挑战的形势下，曾一度把中国社会的诸多方面都发展到其繁荣的顶峰。金兵攻陷北宋都城汴梁的“靖康之变”挫折了其创造力的继续发挥，入主中原的蒙元王朝(1271～1368)短命而无所作为，宋元之际某些值得称道的科技成就不过是强弩之末。接下来的朱明王朝(1368～1644)把中国社会带到了更加专制的方向，再后入主中原的满清王朝(1644～1911)也没能走向融合创新的道路。中国社会在征服和同化的循环中进行着王朝的更替，疆域因入伙者带来大片土地而扩大了，但其文化创造力却犹如江河而日下。

在西欧由于日耳曼人在西罗马帝国废墟上建立的查里曼帝国

① 董光璧(1991)，《中国近现代科学技术史论纲》，湖南教育出版社，长沙，1991年。

(742～843)的解体，才真正开始从奴隶制时代进入封建制时代。面对来自东方的塞尔柱突厥人和蒙古人的挑战以及黑死病带来的空前灾难，借助于基督教的精神文化和源于中国的技术以及来自阿拉伯世界的希腊科学传统的冲击，不仅在商品经济发展的基础上建立起市场经济制度，而且一个以民族为基础、以知识为条件的新型的意愿共同体也经过种种曲折而最终被发展起来。觉醒了的欧洲人通过科学革命、政治革命和工业革命开创了一个比延续几千年的农业文明更为有效的工业文明，并且通过血腥的殖民活动把它推广到世界各地。葡萄牙在16世纪、荷兰在17世纪、英国在18世纪和19世纪、美国在20世纪先后称雄世界。

贯穿几千年农业文明历史的人类之主要冲突，本质是游牧的野蛮与定居的文明之间的冲突。但自欧洲发展出工业的文明以来，人类的主要冲突就转变为本质上是新兴的工业文明与古老的农业文明之间的冲突。在游牧与农耕之间长达几千年的连续不断的诸多冲突中，几乎总是落后的游牧民族进犯先进的定居民族，其结果又总是以文明同化野蛮而结束。而近几百年来的人类冲突，则几乎总是新兴的工业民族侵略古老的农业民族，其结果又总是古老的农业文明为工业文明所取代。在中国的这片土地上几千年来，一直进行着的是农业文明同化游牧民族的过程，自鸦片战争以降的一百五十年才面对工业文明的挑战，而且第一次感受到被异文化同化的危机。以千年看百年就是要认识和思考，中国曾经怎样和今后该如何应对这一前所未遇的新挑战。

百余年来中国的科学与社会

虽然在明清之际的“西学东渐”中就发生了中国和西方的第一次碰撞，但工业文明与农业文明在中国的真正冲突始于中英鸦片战争。两次鸦片战争的败北，使中国统治者确定了“师夷长技以制夷”的方略。产生自欧洲的现代科学技术在20世纪的中国迅速发展起来，在上半叶完成了基础科学的奠基，在下半叶又建立了工业技术体系的基础。其发展历程可以概括为三大转变,既从传统到现代的心态转变,从小科学到大科学的模式转变和从国防到经济的动力转变。尚处在第三次转变途中的中国科学技术事业,所面临的国际环境是充满机遇和挑战的迎接新文明的时代。从科学与社会关系的角度考虑,应如何评价我们在工业文明与农业冲突中的表现?该如何展望世界历史的进程并筹划中国的未来?

在中国社会遭遇工业文明进犯的19世纪中叶,世界上诸多农业文明国家几乎都成了欧洲国家的殖民地。面对被西方列强瓜分危险的中国开始了一系列的变革,开明的政府官员们领导的洋务运动、维新派政治家们发动的戊戌变法和辛亥革命、新型知识分子们开启的新文化运动,经历了一个从技术到制度再到思想的变革过程。因为欧洲的现代化过程是从思想到制度再到技术,中国的现代化进程可以说是欧洲现代化程序的反演,在半个世纪中草率地反演了欧洲近五个世纪的现代化历程。这种程序倒置所固有的不彻底性导致,此后的中国不得不程序紊乱地反复重演欧洲走向现代社会的进程。这种程序倒置或许并非中国现代化战略的错误,因为几乎所有后发现代化国家都有这种经历。不仅沦为半殖民地的中国如此,完全沦为殖民地的印度和自称“脱亚入欧”的日本亦无不有如此经历。

欧洲工业文明在科学技术方面成功之关键在于,建设了基本的市场经济和民主政治,市场与技术相互促进,民主与科学互为保证。市场是技术进步的决定性因素之一,只有在市场的激励下企业的决策者才会不断地投入到技术进步之中。民主为科学发展提供思想自由的保障,科学创造不仅要有内在的思想自由,也需要由国家制度保证的外部自由。科学社会是嵌在大社会里的小社会,科学小社会是以大社会为其存在条件的。科学家们为获得研究的自由总是以承认占传统地位的社会准则为代价的。同样,任何社会要想接纳科学并发挥其社会功能,都必须做出相应的调整,创造适合科学发展的社会条件。科学进步的程度也是随着这些条件越来越充分而增长的。

中国科学技术发展的障碍主要在制度方面，包括政治制度与经济制度的协调问题。技术在中国长期没有市场经济的环境，虽然国际经济学界早已证明市场经济是商品经济的最有效的经营方式，而在中国竟为要不要市场经济争论了几十年。中国的经济制度一经转到市场经济轨道上来以后，马上就面临缺乏与市场经济兼容的社会政治条件的挑战。因为从计划经济到市场经济的转变要求从无限政府向有限政府的转变，没有一个在权力、职能、规模等诸多方面严格受社会和法律制约的有限政府，完善的市场经济将难于形成。第九届全国人民代表大会以来有关政府机构改革的一系列举措也只是开了好头，如何构建一个与市场经济相配套的“限政秩序”问题并没有真正解决。

追赶工业文明不是中国现代化的终极目的，因为工业文明并非人类文明的终极形式，我们的目标应锁定在通过应战工业文明的挑战创造新文明。百余年来超越工业文明的诸多尝试，似乎都没有以农业文明和工业文明的融合作为出发点，这或许是计划经济的社会主义运动失败的原因之一。从工业文明产生的经验和百余年来世界发展趋势考虑，以观念为主导的未来文明必将借助于科学的进一步发展而形成。虽然我们不能确切地说出这新文明的具体内容，但我们可以揣摩其特征将是科学理性与生命价值的结合。我们无法预料这新文明将产生在那里，但在游牧与文明冲突中最有希望而却不幸丧失机遇的中华民族，无论如何不应在工业文明与农业文明冲突中再度错过创新文明的机遇。

附录 3

尊重传统，创造未来

——论中国传统文化与现代科学发展[①]

［提要］

在这个演讲中我着重阐明的主要观点是：传统是创造未来新文明的必要条件之一，中国传统文化的遗惠已经成为世界稀有的战略资源；易学体现了中国传统文化的共性并且是东西方文化的契合点，易学的某些思维方式和价值观有可能对未来科学的发展有所启迪。

在科学已经成为文明基础的当代，任何民族的传统文化都经受着科学论证的考验，并且其存亡继绝取决于能否为新文明的诞生做出贡献。从五四新文化运动时代梁漱溟(1893～1988)的《东西文化及其哲学》(1921)，到张君劢(1887～1969)等人《为中国文化敬告世界人士宣

① 本文是作者为“中国传统文化对中国科技发展影响”论坛准备的讲演稿，论坛由清华大学高等研究中心和《科技中国》杂志社联合主办，2004 年 10 月 23 日下午在北京清华大学高等学术中心报告厅举行，由杨振宁、董光璧和陈方正三人主讲。本文最初发表在 2004 年 12 月 13 日的《科学时报》上，几乎同时《科技中国》12 月号改题发表，将主题改为“易经有可能对未来科学的发展有所启迪”并没有征得作者的同意。

言》(1949)，再到当代许嘉璐等人的《甲申文化宣言》(2004)，这一切都表明这种思考一直在进行着。在1998年12月在香港举行的“中华文化于二十一世纪国际学术讨论会”上，社会学家费孝通(1910～2005)先生发出“文化自觉”号召[①]。他认为正在兴起的“文化自觉”之世界潮流表明，人类社会将从文艺复兴以来的“人的自觉”转到“文化自觉”。为适应全球化新时代的环境，以取得文化选择的自主地位，我们必须对自己的文化有自知之明。

从文化的结构和演进看文化传统

人类是地球生物进化的一个偶然结果，而作为自然进化产物的人类却又创造了灿烂的文化。自然是人类的生存条件，文化是人类的生存方式。既属于自然又属于文化的人类，永远要生存在文化与自然的夹缝中。人类经过几百万年从猿到人的生物进化以后，进入“自然史与人类史彼此相互制约”[②]下的文化进化时期。

文化的进化经蒙昧和野蛮而进入文明，文明又经历农业文明和工业文明并正在迈向新的文明，这新文明可按刘吉的建议设想为以科学技术产业兴起为特征的科业文明[③]。在几十万年来的文化进化中，绝大部分时间处于蒙昧时代，野蛮时代不过几万年而已，而文明时代只是最近的几千年。这几千年的人类文明历史，绝大部分时间为农业文明，工业文明只是最近的几百年，走向科业文明才刚刚开始。

美国文化人类学家怀特(Leslie Alvin White，1900～1975)对文明时代的文化结构给出一种系统论的说明，认为文化由技术、制度

---

① 费孝通(2000)，中华文化在新世纪面临的挑战，《中华文化与二十一世纪》，中华炎黄文化研究会方克立等主编，中国社会科学出版社，北京，2000年。

② 马克思(1846)，德意志意识形态，《马克思恩格斯全集》，第3卷，第20页，人民出版社，北京，1972年。

③ 刘吉(1984)，我们究竟面临了革命？《上海科技日报》，1984年4月27日。

和观念三个子系统组成[①]。参照文化的这种结构审视人类社会的历史进程，可以认为文化经历了技术主导和制度主导两个历史阶段，它们大体分别于农业文明和工业文明对应，而当今是正在走上观念主导的科业文明时代。

英国历史学家汤因比(Alnold Joseph Toynbee，1889～1975)对文明的兴衰给出一种由“挑战一应战”法则支配的说明[②]。任何人群总是要在人与自然和人与文化这两种基本关系中生存，不利的自然环境和文化环境有时会构成对人类生存的“挑战”，因而不得不发挥其潜在的创造力而做出“应战”。不过他强调的是自然环境的挑战作用。

英国历史学家的韦耳斯(Herbert Ceorge Wells，1866～1946)对文明的进化提出一种文化“冲突—融合”模式，并且详细地描述了通过游牧文化和农耕文化的冲突与融合产生工业文明的历史[③]。按照工业文明形成的这种历史经验，未来的科业文明将必定在工商文化和农耕文化的冲突与融合中产生[④]。

中国传统文化是农业文明时期的农耕文化典型，它应该作为在创造科业文明中与工商文化并存竞争的文化因素加以关注，但迄今的现代化理论研究几乎都忽略了它的这种战略地位。尽管我们知道中国传统文化在当代西方世界还没有适合其生长和发展的土壤[⑤]，但作为创造未来新文明的必要条件之一，中国传统文化遗

---

① 怀特著(1949)，曹锦清等译(1988)，《文化科学——人和文明的研究》，浙江人民出版社，杭州，1988年；原文本 *Science of Culture—A Study on Man and Civilization*，1949。

② 汤因比著(1934～1961)，《历史研究(12卷)》，上海人民出版社，上海，1959～1964年；原文 *A Study of History*，1934～1961.

③ 韦耳斯著(1920)，吴文藻等译(1982)，《世界史纲》，人民出版社，北京，1982年；原文 *The Outline of History—A Plain History of Life and Mankind*，1920。

④ 董光璧(2002)，以千年看百年——中国和西方的科学与社会，《科学新闻》，2002年第11期，第27～28页。

⑤ 关愚谦(2000)，人在欧洲看中华文化在212世纪对世界的影响，《中华文化与二十一世纪》，第558～565页，中华炎黄文化研究会方克立等编，中国社会科学出版社，北京，2000年。

惠已经成为世界稀有的战略资源。

人类总是要依赖前人的文化遗惠为基础，并生活在人和人组成的社会中。一般说来，传统的惯性是历史的阻力，但在时代转折的历史关头，传统的遗惠也可能成为创造的源泉。历史中蕴涵着一切，历史是未来的向导。传统之所以必须被尊重是因为，它是创造新文明的必要条件之一。

从当代人类面临的挑战看中国传统文化

人类所面临的三大挑战，自然环境的恶化趋势、高技术预测的困难和科学与人文两种文化的不平衡，展现了文化异化的当代表现。生存在工业文明中的人类，处在技术崇拜和技术恐惧的张力之中。人们感受到现代技术的反传统性，也认识到科学理性的缺陷，并试图通过观念重建调整文化。观念系统包括信仰、理性和价值三大要素，并且其进化经历了信仰主导和理性主导并开始步入价值主导阶段，价值成为当代观念重建的焦点。

在克服这种文化异化的过程中，一些思想家开始从中国传统文化中寻找智慧。英国生物化学家和中国科学技术史家李约瑟(Joseph Needham，1900～1995)觉悟到应该按东方的见解行事①，包括诺贝尔得主在内的文化精英们"回归到孔子"的呼吁、世界宗教会议的《世界伦理宣言》(1993)和联合国教科文组织的"普遍伦理计划"(1996)，都试图改变当代世界科学技术与伦理道德不平衡的状况。在这种寻求价值观的努力中，中国传统文化的"天人合一"思想被关注。

正是《易传》所竭力阐发的"易道"，奠定了这个百家共识的"天人合一"观的哲学基础。它从春秋战国时代开始取代了三代时期的神学世界观，并进一步逐渐发展和演变为中国传统文化的核心。

① 李约瑟(1975)，历史与对人的估价——中国的世界科学技术观，《李约瑟文集》，第309～354页，潘吉星主编，辽宁科学技术出版社，沈阳，1986年。

“天人合一”既不是“人类中心主义”也不是“自然中心主义”，而是以“天一人关系”为中心思考宇宙和人生问题。它是一种世界观和宇宙观，同时又是一种普遍的思维方式，而且代表一种值得追求的人生境界①。中国哲学家冯友兰(1895～1990)把精神境界划分为自然境界、功利境界、道德境界和天地境界四级②，自觉作为宇宙一员的天地境界为人生最高境界。中国历史学家钱穆(1895～1990)认为，“天人合一”观是整个中国思想之归宿，也是中国传统文化对人类的最大贡献③。中国哲学史家牟宗三(1909～1995)认为，确立了中国文化的主流精神和价值观的《周易》④，包含有能产生科学的数理、物理和客观三种观点。

易学与科学的结缘表明，易学是中西文化的契合点。中国人在儒学“格物致知”延伸的意义上接受了产生自欧洲的科学，并经历了从“格致”到“科学”的转变。在中国文明顶峰的北宋时期(960～1127)，理学家朱熹(1130～1358)把《大学》的“格物致知”与《易传》的“穷理尽性”结合起来，创造了“格物穷理”的概念。明代(1368～1644)末年的徐光启(1562～1633)，不仅把象数学与耶稣会传教士传入的科学对等，还借《易传》“会通”的概念提出“中西会通”作为修订历法指导思想。响应的不只是天文学家，还包括数学家焦循(1763～1820)以代数学研究易学，“中西会通”成为一种学术研究纲领。通过阿拉伯史学家阿布杜拉·白达瓦鲁斯(Abdalla Beidavaeus, Abdallah Beidhawy,？～1286)等人和耶稣会传教士的工作，作为中国传统文化的重要部分的易学传入欧洲，遂有德国数学家莱布尼兹(Gottfried Wilhelm Leibniz,1646～1716)发现易

① 胡伟希(2000)，儒家生态学基本观念的现代阐释：从“人与自然”的关系看，《国际学研究》，第十辑，第274～292页，国际儒学联合会编，国际文化出版公司，北京，2000年。

② 冯友兰(1943)，《新原人》，商务印书馆，重庆，1943年。

③ 钱穆(1987)，《四海之内——东方与西方的对话》，三联书店，香港，1987年。

④ 牟宗三(1988)，《周易的自然哲学与道德含义》，文津出版社，台北，1988年。

图与二进制数学的一致性，瑞士心理学家荣格（Carl Gustar Jung，1875～1961）阐发了易学的心理功能，德国学者申伯格（Martin Schönberger）揭示了易卦与生物遗密码的对应。作为传统与现代和东方与西方之文化结合点的易学，也吸引着当代海内外的一些学者。

从改变中国科学落后状况看易学研究

严格意义上的科学形成于17世纪的欧洲，在溯源的意义上有古代的和中古代的科学之说。其渊源可以追溯到古希腊文化，而与中国传统文化没有源流关系，但在类比的意义上也可以谈论中国科学。直到科学迅速发展的19世纪中叶，中国才真正开始认真对待产生自欧洲的科学，但迄今对世界科学发展的贡献仍然微不足道。

如何理解中华文明在科学之旅的落伍？如何改变当今中国科学事业的落后状态？中国文化辉煌在技术主导的农业文明时期，中国文化的衰落在制度主导的工业文明时期，中国文化新生的机遇在观念主导的科业文明时期。就主导因素考虑，我们的辉煌与技术相关，我们的落伍与制度相关，我们的新生与观念相关。

对于易学在中国科学史上的作用迄今也还没有达到共识，主流观点认为易学对于科学的作用是负面的。李约瑟认为“《周易》的那种精致化了的符号体系几乎从一开始就是一种灾难性的障碍，它诱使那些对自然界感兴趣的人停留在根本不成其为解释的解释上”[①]。北京大学朱伯崑教授则强调中国有自己的科技传统，在中国科技史上形成了易科思维，并将其概括为观象论、功能论、对待论、流转论、整体论、相辅论六大特征[②]。

① 席泽宗（2000），李约瑟论《周易》对科学的影响，《自然科学史研究》，第19卷（2000年），第4期，第332～336页。

② 朱伯崑（1996），易学与中国传统科技思维，《哲学杂志》，第16期，1996年；收朱伯崑论著，第778～794页，沈阳出版社，1998年。

现代科学的形成和发展主要是沿着产生自欧洲的科学传统演进的，但其未来走向并不一定总是沿着既定的方向。在如何建构后现代科学的话题中，中国文化传统中的某些遗惠被一些学者关注。人们对易学所做出的这种价值考量，意味着中国文化传统中的某些思维方式和价值取向可能会重新获得其生命力。李约瑟反对把中国传统科学视为失败的典型，认为它保存着“内在而未诞生的最充分意义上的科学”[①]，但他没有给出更详细的阐述。

最近几年我一直在求索中国传统科学的理论特征，并且在某些场合也表达了我所思考的结果。我认为科学传统之间的差异主要不在科学内容本身方面，尽管不同传统所包含的科学内容有差别，因为自然规律不因发现它的民族不同而改变。其差异主要表现在科学规律的表述方面，而这表述的不同则是根源于自然观的哲学基础，及其影响所及的逻辑形态和理论构造方式。在中西对比的框架下考察中国科学传统的特征，我把它概括为生成论的自然观、比类和互补的逻辑推理和模型化的理论结构[②]。在科学的当代演变中一种新的科学类型正在形成，中国传统科学的潜在模式对于这种新科学范式的建立会有某种启迪。

易学本质上属于哲学，它和科学不仅是两种不同的学问，而且是两个不同时代的文化。以“天人合一”为构架的中国传统科学没能发展出产生自欧洲的那种科学，而且“会通”中西科学的努力迄今未获成功，但这并不表明它在未来的科学发展中无益。易学遗惠的科学光辉等待重新发现真理的勇士，须有英国科学家道尔顿(John Dalton，1766～1844)改造古希腊原子论那样的工作，浅薄的比附、无知的狂论、投机的伪造，不仅无济于事而且损害易学的声誉。让我们重温相对论创立者爱因斯坦(Albert Einstein，1879～

---

① 李约瑟著(1974)，刘祖慰译(1990)，《中国科学技术史》，第五卷第二分册，“序言”，科学出版社和上海古籍出版社，1990年。

② 董光璧(2002)，中国科学传统的特征及其意义，《科学新闻》，2002年第1期，第28页。

1955)关于重新创造真理的论断：

> 事物的真理必须一次又一次地为具有强有力的性格的人物重新加以刻勒，而且总是使之适应于雕像家为之工作的那个时代的需要；如果这种真理不总是不断地重新创造出来，它就会完全被我们遗忘掉[①]。

① 许良英等编(1976)，《爱因斯坦文集》，第一卷，第84页，商务印书馆，1976年。